Les Aéroplanes

═══ de 1911 ═══

VISION D'AVENIR

LIBRAIRIE AÉRONAUTIQUE
40, rue de Seine, Paris

LES AÉROPLANES
DE 1911 ❦ ❦ ❦ ❦

R. DE GASTON

Secrétaire de la Société Française de Navigation Aérienne

Les Aéroplanes de 1911

Étude technique avec plans cotés
pour la plupart des principaux aéroplanes
existant au début de 1911

PRÉFACE

DU

COMMANDANT RENARD

Librairie Aéronautique

ÉDITEURS

PARIS ▪ 40, rue de Seine ▪ PARIS

PRÉFACE

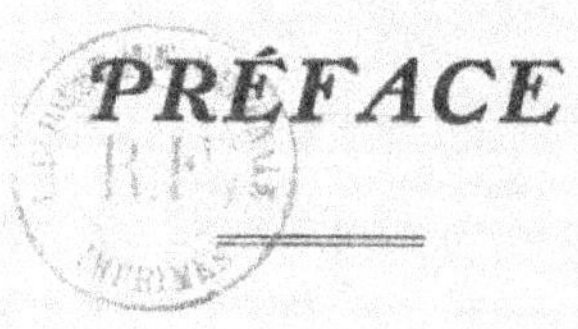

Les principes fondamentaux de l'Aviation ne sont plus discutés aujourd'hui, et jusqu'à présent l'aéroplane est le seul appareil qui ait pu permettre de réaliser pratiquement le vol mécanique.

Mais si tous les appareils d'aviation sont fondés sur les mêmes principes, ils présentent entre eux un grand nombre de différences, et l'on en compte des types nombreux et variés : monoplans ou biplans, appareils à queue ou sans queue, ailes gauchissables ou non, présence ou absence d'ailerons, gouvernail de profondeur à l'avant ou à l'arrière, courbure plus ou moins prononcée des ailes, absence ou présence de plans de dérive, telles sont, si l'on se borne aux caractères les plus essentiels, les solutions différentes qu'il est possible d'adopter dans la construction des aéroplanes. Comme on peut les combiner entre elles à son gré, le nombre de ces solutions bien définies et susceptibles d'une classification facile est déjà considérable. Mais si l'on tient compte des organes que l'on pourrait appeler accessoires, tels que le train d'atterrissage, les dispositifs de gouverne et de commande, on augmente encore singulièrement le nombre des types réalisables.

Si l'on fait ensuite intervenir la nature et la puissance du moteur, son emplacement, son mode d'installation ; si l'on passe enfin aux hélices propulsives, qui peuvent être au nombre de 1 ou de 2, placées à l'avant ou à l'arrière, à mouvement rapide ou lent, en bois ou en métal, on arrive à un nombre pour ainsi dire indéfini de combinaisons possibles.

Remarquons qu'il ne s'agit plus haut que d'appareils catalogables, dont la spécification peut être faite en quelques mots. On pourra, par exemple, en suivant l'ordre indiqué plus haut, définir un appareil en disant que c'est un biplan à queue, à ailerons, avec gouvernail de profondeur à l'avant, à ailes courbes, sans plans de dérive, à train d'atterrissage type Maurice Farman, à dispositif de gouverne type Blériot, à moteur Gnôme de 50 chevaux placé en porte-à-faux à l'avant, actionnant directement une hélice en bois. On aura ainsi distingué cet aéroplane d'une infinité d'autres, mais il pourra y en avoir une infinité qui correspondront exactement au signalement qui précède, mais qui différeront entre eux soit par des dimensions, soit par des dispositions de détail qu'on ne peut caractériser que par une description minutieuse ou un dessin.

Il y a à peine quatre ans que l'Aviation est entrée dans la pratique, et l'imagination des aviateurs et des constructeurs s'est exercée à combiner les différents éléments, à modifier les formes pour chercher à se rapprocher de la perfection idéale.

Aussi ne faut-il pas s'étonner du nombre considérable de types d'aéroplanes et de variétés, parmi ces types. Chaque semaine, les journaux nous annoncent l'apparition d'un nouveau modèle, dont on dit régulièrement monts et merveilles ; le grand public et les spécialistes eux-mêmes finissent par ne plus s'y reconnaître. Aussi, a-t-on senti la nécessité de dresser de temps en temps une sorte de tableau d'ensemble des aéroplanes existants. Plusieurs publications ont été faites dans ce but, et parmi les meilleures je signalerai « Les Aéroplanes de 1910 » de M. de Gaston, avec une préface de M. Armengaud jeune et une étude sur les hélices de M. Victor Tatin.

Le corps du volume comprenait une description détaillée avec figures schématiques et photographies des principaux aéroplanes existant il y a un an. Un tableau récapitulatif présentait d'une façon synoptique les caractéristiques de ces principaux appareils.

On pouvait trouver réunis, dans cette plaquette, et en quelques pages, des renseignements qu'il eût fallu chercher laborieusement dans de nombreux articles de revues spéciales, et encore aurait-on risqué de les trouver incomplets ; de plus, chaque écrivain présentant les choses à sa manière, cet ensemble d'articles épars, en admettant qu'on ait pu facilement les réunir, n'aurait pas eu l'avantage d'un ouvrage unique, présentant toutes les descriptions suivant un même cadre, et donnant, pour

chaque aéroplane, des éléments comparables entre eux.

Ce volume eut un légitime succès, et je pourrais, en particulier, citer les services qu'il m'a rendus dans mon enseignement à l'École Supérieure d'Aéronautique ; mes élèves et moi-même y avons fréquemment puisé, pour nous documenter sur les caractéristiques essentielles et les dispositifs de détail des aéroplanes existants.

Mais en Aviation, les choses marchent vite et les appareils de 1911 diffèrent par bien des points de ceux de 1910 ; aussi M. de Gaston a-t-il été heureusement inspiré en publiant cette année la continuation de son œuvre de l'année dernière sous le même titre et dans la même forme.

Dans les Aéroplanes de 1911, le lecteur pourra successivement trouver la description des appareils suivants, qui sont classés simplement par ordre alphabétique : Antoinette, Astra, Blériot XI bis, Bréguet, Curtiss-Pfitzner, Curtiss, Deperdussin, Etrich, Fabre, Henri Farman, Maurice Farman, Goupy, Grade, Hanriot, Howard-Wright, Kœchlin, Lioré, Nieuport, Paulhan, de Pischof, Santos-Dumont, Morane-Saulnier, Sloan, Sommer, Tellier, Vinet, Voisin et Wright.

Un article spécial est consacré à chacun d'eux. Tous ces articles sont rédigés sur un plan analogue. Après une description générale, l'auteur passe aux descriptions particulières des plans porteurs ou ailes, du fuselage, du train amortisseur, de l'ensemble moto-propulseur, des dispositifs de stabilité transversale et longitudinale, des organes de commande, des gouvernails de direction ; il passe ensuite à quelques détails de construction, puis au rendement ascensionnel des appareils. Chaque article se termine par un résumé des caractéristiques.

A la fin du volume, ces caractéristiques sont réunies dans un tableau récapitulatif, qui permet

des comparaisons rapides d'appareil à appareil.
Le lecteur peut ainsi, pour chaque point de détail
qu'il veut étudier, se rendre compte immédiatement des différentes solutions qui ont été adoptées.

Il est inutile d'insister sur les services que de
semblables ouvrages peuvent rendre aux aviateurs, aux constructeurs, à tous les savants ou
techniciens qui s'intéressent, et ils sont légion, à
la conquête de l'air.

Nous souhaitons aux Aéroplanes de 1911 le
même succès qu'au volume analogue publié sur
leurs frères aînés de 1910, et nous sommes per-
suadé d'avance de la faveur que cet ouvrage ren-
contrera auprès du public.

Commandant Paul RENARD.

ERRATA

Curtiss, page 4, ligne 3, *lire :* $0^{mq},93$; *au lieu de :* 3 mq.

Maurice Farman, page 2, 2me colonne, ligne 18, *lire :* **supérieur** *au lieu de :* inférieur; ligne 46, *lire :* **en V**; *au lieu de :* en S.

De Pischof, page 4, 2me colonne, ligne 28, *lire :* **2 mètres**; *au lieu de :* 9 mètres.

Voisin, page 3, ligne 5, *lire :* **pour l'altitude et autour de son axe pour l'orientation**; *au lieu de :* par l'altitude......... par.....

Wright, page 4, 2me colonne, dernière ligne, *lire :* **500 kilogrammes, 450 kilogrammes**; *au lieu de :* 500 kilomètres, 450 kilomètres.

L'Aéroplane ANTOINETTE

La Société Antoinette fut une des premières à considérer l'aéroplane comme un organisme où rien ne devait être laissé au hasard. Dès 1908, M. Levavasseur avait conçu la merveille de construction mécanique qu'est le célèbre monoplan. Il est juste de reconnaître que les autres constructeurs ont tous emprunté plus ou moins aux ingénieuses combinaisons qui caractérisent l'appareil Antoinette.

Grâce aux sensationnelles performances accomplies par Hubert Latham dès le début de l'aviation pratique, la marque Antoinette a marché de succès en succès et nous nous bornerons à rappeler pour 1910 le Grand Prix de Champagne, le Prix des Constructeurs, le classement de deux pilotes aux éliminatoires de la Coupe Gordon Bennett, le premier Prix de la Traversée de la Seine à Trouville, enfin la triomphale tournée Latham à travers les deux Amériques.

L'appareil Antoinette 1911 est assez semblable comme aspect général à celui de 1910. Toutefois, certains détails de construction, notamment dans l'obtention de l'équilibre transversal, nous obligent à en donner une description nouvelle :

Plans porteurs ou ailes. — Les ailes sont constituées par une paire d'ossatures à plan trapézoïdal, dont les nervures sont de véritables fermes assemblées par des poutres également triangulées, et au moyen de goussets en aluminium.

Il résulte de cette disposition spéciale un travail rationnel des matériaux employés et une sécurité absolue à l'égard de la rupture ou du flambement. Une carcasse ainsi établie donne l'impression d'une véritable charpente métallique, d'une légèreté et d'une rigidité extrêmes, puisque le poids des surfaces portantes ne dépasse guère 1 kilogramme par mètre carré.

L'envergure totale des ailes est de 14m,80 ; chacune a une surface de 17 mètres carrés. L'entoilage est fait sur les faces externes et internes et parfaitement tendu afin de diminuer le plus possible la résistance à la pénétration.

Les deux ailes forment un angle très ouvert (dièdre) qui concourt à la stabilité transversale.

Corps fuselé ou fuselage. — Le corps fuselé, constitué par une charpente légère étudiée sur le

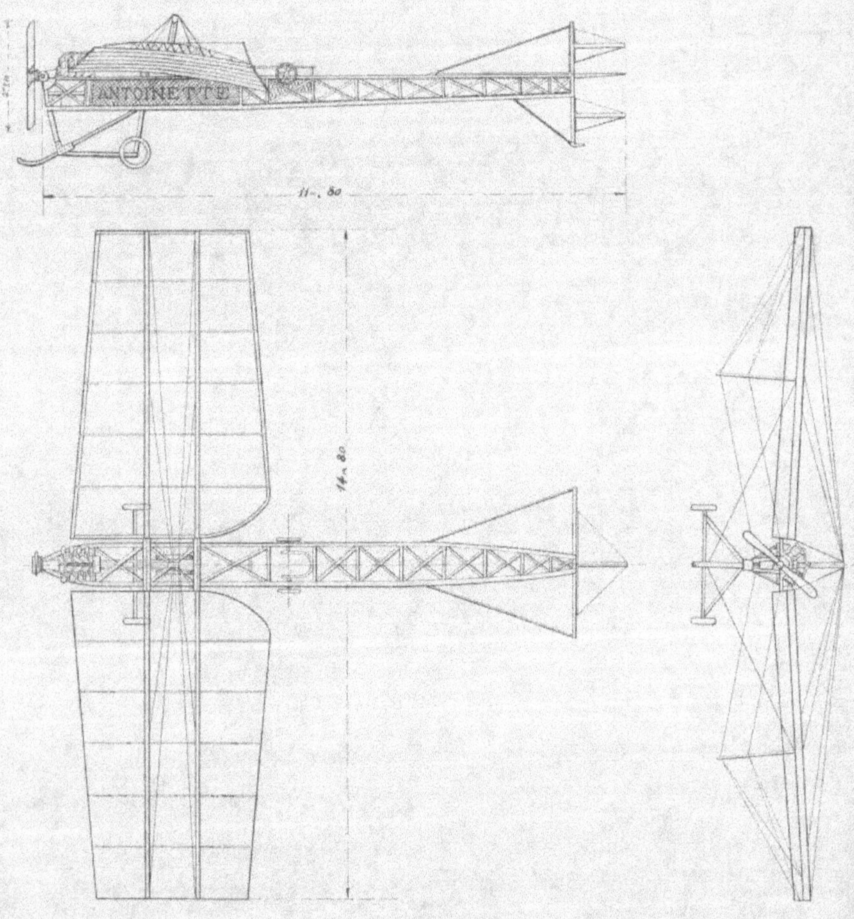

ANTOINETTE
11m, 80
14m 80

même principe que les ailes, est disposé en coque fusiforme. L'avant est en proue et l'arrière en pointe. Sa longueur totale est de 10^m,8o et le maître-couple a 0^m,6o de côté.

C'est dans le corps fuselé que se trouvent d'avant en arrière :

Le palier d'hélice ;

Le moteur ;

Le poste du pilote avec les appareils de commande ;

Les supports du gouvernail vertical, de la queue stabilisatrice et du gouvernail de profondeur.

Train amortisseur. — Le train amortisseur comporte un patin, deux béquilles et une crosse à l'arrière.

Le patin avant est un cadre à suspension élastique, faisant saillie sur l'avant de l'appareil, ce qui permet d'éviter le contact de l'hélice avec le sol à l'atterrissage.

La crosse placée à l'arrière sert à protéger la queue et limite en même temps les oscillations longitudinales au moment de l'enlevage et de l'atterrissage. Elle se trouve à 9 mètres de l'avant de l'appareil.

L'amortisseur est constitué par un tube pneumatique dans lequel on comprime de l'air jusqu'à pression suffisante pour supporter tout le poids de l'appareil. Sa course est de 4o cm. : il est relié en haut au fuselage et en bas au patin et supporte tous les chocs, protégeant ainsi les parties essentielles de l'appareil.

Ensemble moto-propulseur. — Le moteur Antoinette est le plus ancien des moteurs d'aviation,

celui qui a participé aux premiers vols qui ont démontré brillamment la possibilité de la conquête

de l'air. Il est du type à 8 cylindres en V conçu par Levavasseur, et dérive de l'Antoinette primitif, qui permit à Santos-Dumont d'effectuer le premier vol mécanique en France.

L'alésage du moteur est de 11o mm. pour une course de 1o5 mm.

Le moteur actionne directement une hélice en bois ; deux radiateurs formant panneaux sont placés de chaque côté le long du corps, et en dessous des ailes.

L'hélice est placée à l'avant de l'appareil. Son diamètre est de 2^m,2o et son pas de 1^m,3o, ce qui, à 1.2oo tours et en tenant compte du recul, donne pour l'appareil considéré une vitesse de 85 kilomètres environ.

Stabilité transversale. — La stabilité transversale ou latérale est assurée par le gauchissement hélicoïdal des ailes, remplaçant les ailerons primitivement employés. Cette heureuse modification, d'ailleurs généralisée dans tous les appareils, dits à centres confondus d'après la classification Saulnier[1], permet une correction beaucoup plus rigoureuse des effets de chavirement. en assurant au pilote une évaluation exacte de l'amplitude de son mouvement.

Queue stabilisatrice. — A l'extrémité arrière du fuselage et à 5 mètres des ailes se trouve l'empennage double ou queue stabilisatrice. Cet empennage comporte des plans horizontaux d'une surface de 2^{mq},5o et des plans verticaux réagissant contre les effets latéraux.

L'ensemble stabilisateur, situé très loin du centre de gravité, n'offre pas une résistance considérable à la pénétration et aide au maintien de la direction de l'avancement.

En arrière de l'empennage horizontal se trouve le gouvernail de profondeur, indépendant de cet empennage fixe et manœuvré par un câble commandé par un volant.

Organes de commande. — Les organes de commande, placés dans le poste du pilote et sous sa main, comprennent trois volants :

1° Un volant commandant le gouvernail de profondeur à droite du pilote ;

---

1. R. Saulnier. — Équilibre, centrage et classification des aéroplanes.

2° Un volant commandant le gauchissement à gauche du pilote ;

3° Une barre au pied commandant la direction latérale.

Ces volants peuvent être manœuvrés séparément ou simultanément, les renvois de mouvement étant en concordance.

Deux manettes placées à l'avant commandent l'avance à l'allumage et le débit de la pompe à essence.

Une manette permet l'arrêt momentané du moteur qui peut d'ailleurs être arrêté complètement par un interrupteur spécial.

Dispositif d'enlevage. — Lorsque le moteur est en marche, le patin et la crosse arrière permettent au pilote de s'équilibrer sur l'air en roulant sur le sol. La vitesse augmentant, la queue quitte d'abord le sol, puis le train amortisseur perd contact et l'appareil se stabilise.

Gouvernail de direction. — Le gouvernail de direction, composé d'un plan vertical, situé dans le prolongement de l'empennage vertical de la queue, est relié par un bras de commande et des câbles métalliques au poste du pilote.

Le poste du pilote placé de telle façon qu'il soit à l'abri de tout choc et de toute projection est constitué par un baquet capitonné, dont l'avant, matelassé et cuirassé, forme un abri très efficace, en cas de chute ou d'atterrissage difficile.

Détails de construction. — Il est à remarquer que l'empennage crucial indispensable dans les aéroplanes à carène a été fort heureusement réalisé par les constructeurs de l'aéroplane Antoinette. D'autre part, le fini des différentes parties de l'appareil est très poussé. La carène de l'appareil est fort bien étudiée, en vue de diminuer la résistance à l'avancement, et toutes les parties saillantes sont fuselées.

Rendement. — L'appareil est muni d'un moteur de 55 chevaux.

Dans ces conditions, si l'on applique la formule indiquée par M. G. Garnier pour évaluer approximativement le coefficient d'utilisation de l'appareil, c'est-à-dire le rapport du poids utile transporté au poids total, multiplié par la vitesse de marche en mètres par seconde et divisé par la puissance disponible sur l'arbre du moteur, exprimée en chevaux, on trouve pour le rendement pratique de l'appareil 0,117, ce qui le place au deuxième rang des appareils classés après la semaine de Reims.

Nous avons fait entrer dans le poids utile transporté : le poids du train terrestre et le poids du pilote, c'est-à-dire environ

$$90 + 70 = 160 \text{ kilogs},$$

le poids de l'appareil monté étant d'environ 520 kilogrammes et la puissance de régime à 1.200 tours d'environ 55 chevaux.

Résumé des caractéristiques :

Surface portante : 34 mq.
Longueur totale : 11^m,80.
Envergure : 14^m,80.
Puissance du moteur : 55 chevaux environ.
Vitesse de l'hélice : 1.200 tours.
Diamètre : 2^m,20.
Pas : 1^m,30.
Poids total : 550 kil.
Vitesse d'avancement : 85 kil. environ.

L'Aéroplane ASTRA

La Société Astra fut une des premières en France à construire des appareils d'aviation. On lui doit notamment les premiers biplans Wright construits sur les plans et les indications des très renommés inventeurs américains.

C'est des ateliers Astra que sortait le biplan Wright sur lequel le comte de Lambert effectua son vol fameux au-dessus de la Tour Eiffel en septembre 1909.

Après s'être réservé une licence Wright, la Société Astra a étudié et construit un biplan dont la cellule principale est du type Wright, mais dont les autres éléments sont très particuliers.

En conservant les deux qualités principales de l'aéroplane Wright, c'est-à-dire l'excellente utilisation de la force motrice due à la forme des ailes, à leur courbure et au rendement excellent de l'hélice, les constructeurs de l'aéroplane Astra se sont appli-

qués à en augmenter encore la stabilité et la facilité de pénétration.

L'aéroplane Astra a, d'autre part, le grand avantage d'être un planeur parfait. Il est possible de couper l'allumage à grande hauteur et la descente s'opère en un vol plané extrêmement régulier, l'appareil étant parfaitement équilibré. Enfin, le dispositif d'atterrissage a été établi dans le but d'obtenir le maximum de douceur et de précision.

En ce qui concerne la modification capitale apportée au principe de construction de l'appareil Wright, elle consiste en la suppression du gouvernail avant qui a été remplacé par une surface portante à l'arrière et un gouvernail arrière.

Une innovation est également à noter et constitue une particularité intéressante de l'aéroplane Astra : c'est la suppression des chaînes de transmission entre le moteur et les hélices et le remplacement de

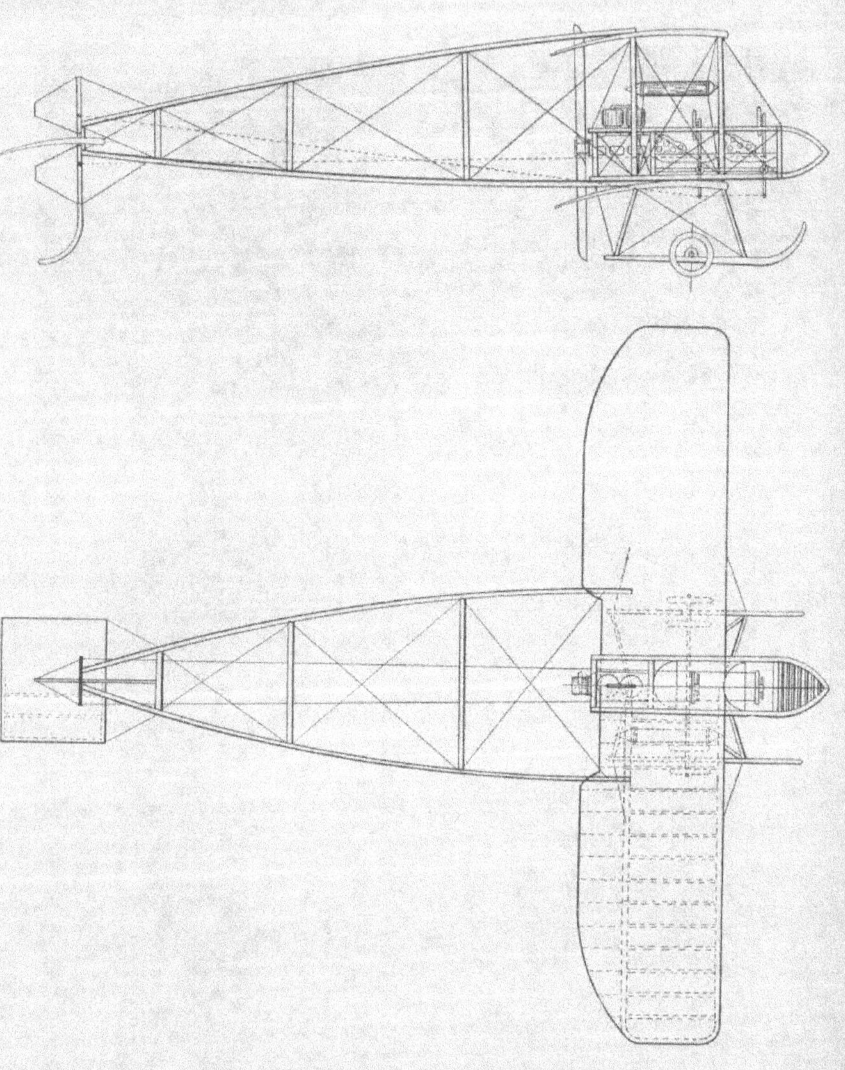

ce dispositif par une seule hélice, montée directement sur le moteur.

L'aéroplane Astra (licence Wright) est du type biplan et se compose de :

Les ailes ou surfaces portantes ;

Le fuselage ou corps fuselé ;

Le châssis d'atterrissage ;

L'empennage ou queue stabilisatrice ;

Le dispositif de stabilité latérale ;

Le gouvernail d'altitude ;

L'ensemble moto-propulseur ;

Le poste du pilote ;

Le gouvernail de direction.

Ailes ou surfaces portantes. — Les ailes ou surfaces portantes comportent deux plans, de même construction et courbure que les plans de l'aéroplane Wright et distants verticalement de 1ᵐ,50. Leur surface totale est de 48 mq environ avec 12 mètres d'envergure et 2 mètres de longueur antéro-postérieure.

Les surfaces portantes sont constituées chacune par un cadre de bois comportant dans le sens de l'envergure, deux longerons ; la section de celui de l'avant est arrondie pour faciliter le passage du plan dans l'air ; les deux longerons de chaque plan sont réunis à chaque extrémité par des traverses de même épaisseur et arrondies également.

Sur les deux faces de ce cadre se trouvent réparties parallèlement au sens de la marche, et à égale distance l'une de l'autre, des nervures de 2 mètres de longueur environ.

Un fil d'acier tendu réunit toutes les nervures à l'arrière en circonscrivant l'arrière de chaque plan. L'aile est donc épaisse à l'avant et mince à l'arrière. Cette armature de bois est tendue de toile sur sa face supérieure et sur sa face inférieure. Le tissu est taillé et monté de biais par rapport à l'envergure des plans, de manière à ne pas se déformer à l'usage.

Les deux plans sont reliés entre eux au moyen de montants portant un œil à chaque extrémité ; cet œil se fixe à un crochet boulonné sur les longerons. Ces crochets servent également à fixer les fils d'acier maintenant les deux plans dans la position qu'ils doivent occuper l'un par rapport à l'autre.

Les fils d'acier passent en double dans un petit tube de cuivre ; le tout est soudé ensemble et les fils sont placés ensuite dans le crochet sans aucune espèce de tendeur.

La partie avant des plans est fixe et maintenue par des fils croisés, la partie arrière peut se gauchir,

c'est-à-dire s'élever ou s'abaisser pour donner un mouvement de torsion à l'aile et augmenter l'incidence d'un côté alors qu'on la diminue de l'autre. Les extrémités des ailes sont donc flexibles ; le centre de l'appareil reste toujours rigide.

Fuselage ou corps fuselé. — Le fuselage ou corps fuselé est formé d'une part par une charpente en bois et acier partant de l'arrière des ailes et de même hauteur que les entretoises verticales des plans au début, pour s'infléchir vers l'arrière suivant une ellipse à grande ouverture jusqu'à présenter 0ᵐ,40 seulement de côté à l'extrême arrière.

Cette partie du fuselage est de section rectangulaire et maintenue rigide par trois étrésillons et par des câbles d'acier triangulés.

La seconde partie du fuselage, à l'avant, est formée par une charpente se terminant en proue à l'extrême avant et placée au milieu de la surface inférieure.

Cette charpente de section carrée et de 0ᵐ,70 de côté est établie de même façon que celle de l'arrière, mais beaucoup plus ramassée. Elle porte les aviateurs et le moteur.

Châssis d'atterrissage. — Très différent du train à patin employé par les Wright, le châssis d'atterrissage de l'aéroplane Astra comporte un dispositif patin et roues. Il est composé d'un cadre rigide à section pyramidale sur la partie supérieure duquel s'appuient le fuselage avant et la charpente du plan inférieur.

La partie inférieure repose par une suspension élastique sur un patin de bois qui sert d'amortisseur et est relié à un essieu.

Empennage stabilisateur. — Ici la différence avec le Wright primitif est complète, car une seule surface de même profil que les plans est montée à l'extrême arrière du fuselage et sert à la fois d'empennage stabilisateur et de gouvernail d'altitude.

Cette surface a environ 1 mq et son centre de pression se trouve à 7 mètres de celui des plans principaux.

Dispositif de stabilité transversale. — Le principe du gauchissement par sorties du bord postérieur des ailes a été conservé et la description de ce dispositif a été suffisamment vulgarisée pour qu'il ne soit pas nécessaire de la rappeler ici.

Gouvernail d'altitude. — Le gouvernail d'altitude est, ainsi que nous l'avons dit plus haut, constitué par l'empennage stabilisateur dont on peut faire varier l'incidence. C'est un progrès sur le dispositif primitif, qui, placé à l'avant, avait l'inconvénient de réduire le champ visuel du pilote et de plus ne permettait pas une progressivité suffisante dans la manœuvre. Les Wright furent d'ailleurs fréquemment critiqués sur ce point.

Ensemble moto-propulseur. — L'équilibre de l'appareil ayant été complètement modifié, le centre de gravité a dû être reporté notablement vers l'arrière et le moteur qui, chez les Wright, était à côté du pilote est, dans l'aéroplane Astra, fixé à l'arrière des plans porteurs, sur le fuselage avant que nous avons décrit tout à l'heure.

Le premier moteur placé sur l'aéroplane Astra fut un moteur Chenu à 4 cylindres verticaux de 55 chevaux à 1.400 tours.

Il commande, calée directement sur son arbre, une hélice modèle Wright, construite spécialement, dont le diamètre est de 2^m,50 et le pas de 2 mètres environ.

On sait que le rendement des hélices Wright est des plus satisfaisants, les perfectionnements ajoutés à celle de l'appareil Astra, aussi bien dans le mode d'assemblage des bois que dans leur polissage extérieur, ont permis d'obtenir un rendement de propulsion remarquable.

Poste du pilote. — Le poste du pilote de l'aéroplane Astra est prévu pour deux aviateurs, l'appareil pouvant facilement enlever deux personnes.

Il est placé dans le fuselage, le siège avant, immédiatement devant le bord antérieur des surfaces et le siège arrière entre les surfaces et devant le moteur.

Ces deux sièges sont très confortablement aménagés et n'ont aucune similitude avec la rudimentaire sellette sur laquelle s'installait Wilbur Wright.

Chacun des deux aviateurs possède la faculté de prendre la conduite de l'appareil et à cet effet les leviers de commande sont doubles avec un dispositif d'immobilisation du poste non occupé.

Un seul levier placé devant le siège permet au pilote de commander par déplacement d'avant en arrière ou de droite à gauche, soit le gouvernail d'altitude, soit la déformation hélicoïdale des plans porteurs pour le rétablissement de l'équilibre latéral.

Les deux manœuvres peuvent d'ailleurs se faire simultanément par une combinaison appropriée des déplacements, car le levier se meut en tous sens.

C'est aussi sur ce levier que se trouve fixé le volant servant à la manœuvre du gouvernail de direction.

Le système des commandes doubles ainsi compris permet à chacun des deux aviateurs d'être alternativement pilote et observateur en cours de route sans avoir à se déplacer. Ceci peut trouver une application fort intéressante dans l'aviation militaire, l'un des deux aviateurs pouvant être seul blessé pendant un vol de reconnaissance.

Gouvernail de direction. — Il est situé à l'extrême arrière, composé de deux petites surfaces trapézoïdales superposées. Deux petits plans de dérive triangulaire assurent la rectitude de la direction.

Resumé des caractéristiques :

Envergure : 12 mètres.
Surface portante : 48 mètres carrés.
Longueur des plans : 2 mètres.
Intervalle vertical : 1^m,70.
Longueur de l'appareil : 12^m,50.
Type du moteur : Chenu.
Puissance du moteur : 55 HP.
Type de l'hélice : Wright.
Diamètre de l'hélice : 2^m,50.
Pas de l'hélice : 2 mètres.
Vitesse : 1.400 tours.
Poids de l'appareil en ordre de marche : 450 kg.
Poids porté par mq : 9 kg. 5.
Vitesse à l'heure : 70 km.

L'Aéroplane *BLÉRIOT XI*

Les appareils Blériot ont connu de grands succès et leur très compétent constructeur a su, s'inspirant des formules nouvelles et des progrès généralement réalisés, créer un type d'appareil absolument irréprochable.

Depuis le jour où M. Blériot établit son monoplan nº IX, la chance a largement récompensé les efforts et la ténacité de l'ingénieux chercheur, et il serait trop long d'énumérer tous les exploits auxquels le nom de Blériot doit sa célébrité.

La course de ville à ville en cinq étapes, qui s'est courue en août 1910, a popularisé l'aéroplane Blériot du type actuel, qui constitue certainement le modèle le plus parfait dans la catégorie monoplan.

En raison des nombreuses demandes qui lui ont été adressées et de fournitures importantes probables aux départements de la Guerre et de la Marine, M. Blériot a fait construire des ateliers appropriés à sa fabrication spéciale et construit maintenant, en série, un type uniforme d'appareils. Les seules différences peuvent résider dans la surface, le type de moteur et l'aménagement des sièges, mais ces détails peu importants ne sauraient empêcher de ramener tous les appareils Blériot actuels au type que nous décrivons ci-dessous, et qui fut glorieusement piloté par notre excellent collègue Alfred Leblanc.

L'aéroplane Blériot, du type monoplan, se compose de :

Les ailes ou surfaces portantes ;
Le fuselage ;
Le train amortisseur ;
L'empennage ou queue stabilisatrice ;
Le dispositif de stabilité transversale ;
Le gouvernail d'altitude ;
Le poste du pilote ;
L'ensemble moto-propulseur ;
Le gouvernail de direction.

BLÉRIOT N° XI

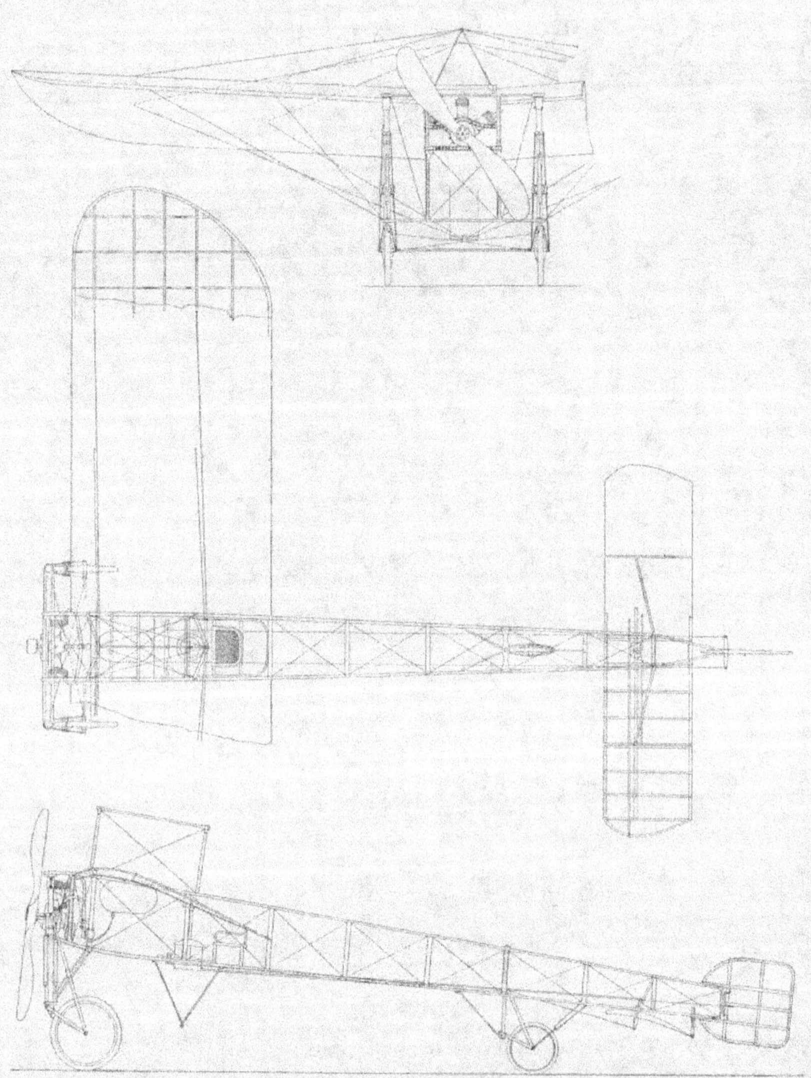

BLÉRIOT N° XI

Ailes ou surfaces portantes. — Les ailes sont constituées par des nervures en bois assemblées et supportées par deux longerons principaux. Ces longerons viennent se fixer sur le côté du fuselage : l'un, cylindrique, s'enfonce dans un tube ; l'autre est boulonné à un montant spécial.

Les ailes présentent une concavité inférieure et leur incidence lorsque l'appareil touche le sol est d'environ 8°.

Elles sont recouvertes sur leurs deux faces de toile spéciale extra-résistante.

Au repos, les ailes sont supportées par des câbles et des haubans suivant l'axe de la poutre armée.

En marche, elles supportent au contraire l'appareil par l'intermédiaire de haubans en acier dont la résistance a été éprouvée de façon à ce que le coefficient de sécurité égale au moins dix, c'est-à-dire que l'effort normal pourrait être décuplé sans crainte de rupture.

Enfin les ailes sont suffisamment flexibles dans leur partie postérieure pour supporter une déformation momentanée et reprendre exactement leur forme normale ensuite.

Leur envergure est de 7m,20 et leur longueur antéro-postérieure de 1m,70 (moyenne).

Fuselage. — Le fuselage est constitué par une poutre armée composée de longerons de bois assemblés par des montants et des traverses. Le tout est croisillonné à l'aide de cordes à piano reliées entre elles par des étriers d'un système particulier à l'inventeur.

La disposition de ces étriers, qui affectent la forme d'un U, offre l'avantage de supprimer les tendeurs et permet de réaliser l'assemblage sans tenons ni mortaises.

La section de la poutre est quadrangulaire à l'avant.

A l'arrière elle s'infléchit en forme de poupe.

Le fuselage est entoilé sur toute la longueur des ailes dans certains appareils et sur toute sa longueur dans d'autres. Cet entoilage total a pour double but de faciliter le glissement et de parfaire la rigidité de l'ensemble.

La portée du fuselage est actuellement de 6m,60 (empattement).

Train amortisseur. — Le châssis ou train amortisseur se compose d'un cadre rigide formé de planches, de montants en bois et de tubes d'acier, le tout assemblé et maintenu par une sangle d'acier.

Ce cadre repose, par un assemblage élastique, sur deux roues accouplées parallèlement entre elles et orientables.

La liaison du châssis à chacune des roues est assurée par un triangle déformable, constitué par les deux fourches qui portent la roue et le tube vertical du châssis.

Les trois sommets articulés de ce triangle correspondent :

Le premier à l'axe du roulement ;

Le second à la partie inférieure du tube de châssis ;

Le troisième au coulisseau disposé à la partie supérieure du tube.

C'est à ce coulisseau que sont fixés les deux extenseurs en caoutchouc attachés aussi au bas du tube, et qui absorbent le choc pendant le roulement et l'atterrissage.

Ce dispositif particulièrement heureux a permis aux habiles pilotes des appareils Blériot d'apprécier la facilité et la douceur avec lesquelles on peut reprendre contact avec le sol.

Le support postérieur n'a d'autre utilité que le maintien de l'appareil au repos et pendant les manœuvres qui précèdent l'essor.

Au moment précis du lancement, il n'intervient plus, l'appareil s'équilibrant de lui-même sur les deux roues d'avant jusqu'à l'envolée.

Empennage ou queue stabilisatrice. — Cet empennage, qui est plutôt une partie fixe du gouvernail d'altitude, s'étale de chaque côté du fuselage, auquel il est fixé.

Dispositif de stabilité transversale. — Le dispositif de stabilité transversale réside dans la flexibilité du bord postérieur des ailes qui permet d'en opérer le gauchissement en variant leur incidence simultanément et en sens contraire, c'est-à-dire que l'on peut à volonté diminuer l'incidence d'une aile en augmentant l'incidence de l'aile opposée.

L'abandon des ailerons que l'on remarquait sur les précédents types d'aéroplanes Blériot est une simplification et une garantie de précision dans la manœuvre qui a la plus grande part dans les succès du type actuel.

Gouvernail d'altitude. — Il est constitué par deux plans égaux et symétriques par rapport à l'axe de la poutre. Ces deux plans pivotent autour d'un axe coïncidant avec le côté de l'empennage stabilisateur,

La surface totale du gouvernail d'altitude est d'environ 2 mq. Il concourt à la stabilité longitudinale et reçoit sa commande par l'intermédiaire de câbles et de galets se mouvant le long de la poutre.

Poste du pilote. — Le poste du pilote comporte un baquet à une ou deux places situé entre les ailes et à l'arrière au-dessous des deux mâts supportant les ailes. Le pilote a sous les yeux les appareils indicateurs, cartes, enregistreurs, etc., à sa portée les manettes commandant les différents organes du moteur et enfin devant lui la cloche de direction stabilisatrice permettant d'unifier les commandes.

Cette direction est constituée par un levier terminé par une cloche en aluminium, monté à cardan, par un support fixé au plancher et portant sur sa circonférence, en des points diamétralement opposés, les fils de commande du gouvernail de profondeur et de gauchissement des ailes.

Les deux mouvements peuvent être indépendants ou combinés.

Le premier mouvement détermine la *montée* ou la *descente*, il se réalise en *tirant* ou en *poussant* la cloche, dans l'axe même de l'appareil.

Le deuxième mouvement détermine le gauchissement qui a pour but de rétablir l'équilibre transversal. Il se réalise en inclinant la cloche à droite ou à gauche.

Pour opérer le changement d'orientation, le pilote agit sur la commande du gouvernail vertical d'arrière au moyen d'un palonnier sur lequel s'appuient les deux pieds de l'aviateur et qui est relié par câbles doublés courant le long de la poutre, au plan constituant le gouvernail de direction.

Ensemble moto-propulseur. — Le monoplan Blériot n° XI a accompli ses performances les plus remarquables avec un moteur Gnôme 50 chevaux, que nous décrivons. Toutefois, il n'est pas sans intérêt d'appeler l'attention sur le mode de montage du moteur Gnôme appliqué à l'appareil Blériot. Par une ingénieuse adaptation d'un anneau formant support et fixé sur le fuselage, on est arrivé à placer le moteur et à le suspendre de façon telle qu'il puisse travailler dans les meilleures conditions de rendement, sans incommoder sensiblement le pilote.

D'autres moteurs ont donné de bons résultats et parmi eux citons : le moteur Anzani, les moteurs Gyp et E. N. V.

L'hélice est placée à l'avant et en prise directe avec le moteur.

Elle est en bois et constituée par des lamelles chevillées et collées.

Son diamètre est de 2^m,08.

Son pas est de 1^m,15.

Elle tourne généralement à 1.400 tours.

Gouvernail de direction. — Le gouvernail de direction est constitué par un plan vertical pivotant à l'extrême arrière du fuselage. Il est de surface assez grande pour pouvoir en même temps contribuer à la rectitude du vol. Une partie de sa surface empiète sur la longueur de la poutre et se trouve à l'aplomb de son axe en marche rectiligne.

La commande a lieu par galets et câbles reliés aux palonniers formant pédales sous les pieds du pilote.

Résumé des caractéristiques

Longueur : 6^m,60.

Envergure : 7^m,20.

Surface : 14 mq.

Type du moteur : Gnôme ou Anzani.

Puissance : 50 HP ou 28 HP.

Vitesse de l'hélice : 1.400 tours.

Diamètre de l'hélice : 2^m,08.

Pas de l'hélice : 1^m,15.

Vitesse à l'heure : 85 kilom.

Poids en ordre de marche : 320 kilogr.

Poids porté par mq. : 23 kilos.

L'Aéroplane BRÉGUET

Nous avons dans une précédente édition donné la description de l'aéroplane construit par M. Louis Bréguet en collaboration avec le professeur Richet.

Cet appareil dénommé gyroplane n'ayant pas donné les résultats qu'on en attendait, M. Louis Bréguet a étudié plusieurs modèles de biplans et s'est arrêté au type dont nous donnons plus loin la description et avec lequel il a d'ailleurs remporté de beaux succès et notamment établi le record du monde avec passagers.

Au point de vue militaire, l'aéroplane L. Bréguet est un de ceux sur lesquels l'attention est plus particulièrement attirée : de nombreux officiers en ont reconnu la simplicité et la grande résistance, due surtout à la souplesse des ailes.

Cette souplesse permet en effet l'effacement devant les remous, en même temps qu'une sorte de neutralisation des effets de chavirement ; d'autre part, l'effort de traction sur les haubans et les attaches est considérablement réduit. Tout cela concourt à une stabilité remarquable et à une rectitude absolue dans le vol.

Grâce à un dispositif spécial et très simple, les ailes sont repliables sur le fuselage ; l'appareil peut alors se loger dans un espace de 3 mètres sur 4 mètres et 4 mètres de hauteur.

L'aéroplane Louis Bréguet est du type biplan comprend :

Les plans porteurs ou ailes.

Le fuselage ;

Le châssis-porteur ;

L'empennage stabilisateur ;

Le dispositif de stabilité transversale ;

Le gouvernail de profondeur ou d'altitude

9.00

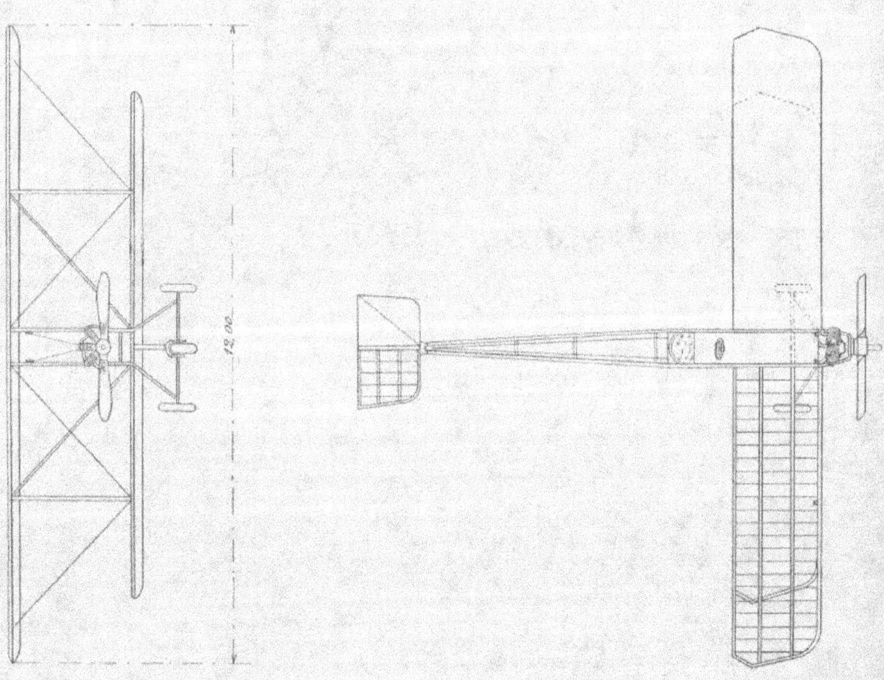

12.00

L'ensemble moto-propulseur,
Le poste de commande ;
Le gouvernail de direction.

Plans porteurs ou ailes. — Les plans porteurs ou ailes sont au nombre de deux et divisés chacun en deux parties dans le sens transversal. Les ailes inférieures sont reliées directement au fuselage par une genouillère d'acier.

Un plan fixe occupant le milieu de la surface supérieure et rigidement relié au fuselage sert de connexion entre les deux parties des ailes supérieures.

Deux simples montants en tube d'acier achèvent de relier entre elles les deux surfaces portantes. Il en résulte un minimum de résistance à l'avancement en même temps qu'une grande facilité de démontage et de repliage de l'appareil.

Les ailes sont constituées d'un longeron unique formé par un tube d'acier sur lequel sont enfilées à frottement doux des nervures en bois.

Des ressorts lient ces nervures au tube : ils permettent ainsi d'obtenir automatiquement une résistance en rapport avec la vitesse de l'appareil, et adoucissent les chocs dus à de brusques variations de l'air.

Les ailes ont une envergure de 14 mètres pour la surface supérieure et 9 mètres pour la surface inférieure avec une longueur antéro-postérieure de $1^m,50$. La surface portante totale est de $34^{m2},500$.

Le fuselage se divise en trois parties :

1° Le bâti moteur, en tubes d'acier, qui porte le moteur, les réservoirs, et sous lequel se fixe le châssis d'atterrissage.

2° La nacelle, en tôles embouties, qui supporte les sièges de pilote et passagers, et les organes de commande.

3° Le fuselage proprement dit, constitué d'un tube d'acier habillé d'un carénage en bois et toile, qui relie la nacelle à la queue arrière.

Le châssis-porteur. — Le châssis-porteur est une des parties les plus intéressantes de l'appareil Bréguet.

Le châssis du biplan de Louis Bréguet comporte trois roues :

1° A l'avant, une petite roue de 50 centimètres de diamètre en connexion avec le gouvernail vertical d'arrière et qui permet de diriger facilement l'appareil lorsqu'il roule sur le sol au départ ou à l'atterrissage. Cette roue est d'ailleurs reliée au fuselage par des tubes contenant des ressorts amortisseurs ;

2° En arrière du centre de gravité de l'appareil sont disposées deux autres roues de 45 centimètres de diamètre réunies par un essieu et dont la voie est de $2^m,10$. Ces roues sont reliées au fuselage par la suspension amortisseuse brevetée à frein oléopneumatique.

Ce système de suspension amortissante a pour but d'empêcher les atterrissages brutaux des appareils d'aviation. Il est fondé sur les lois de l'écoulement des liquides.

Un cylindre creux formant corps de pompe est relié aux roues portantes sur lesquelles repose l'appareil. A l'intérieur du corps de pompe coulisse un piston relié par une tige creuse étanche ou non, en un point du châssis de l'appareil. La course du piston est aussi grande que l'on veut. Le corps de pompe est rempli de liquide et le piston est percé d'un ou plusieurs orifices qui permettent l'écoulement du liquide entre la partie inférieure et la partie supérieure, et vice-versa, du corps de pompe.

Quand l'appareil d'aviation est enlevé, c'est-à-dire en l'air, le poids des roues et du corps de pompe fait descendre ce dernier à fond de course et le liquide vient remplir la partie inférieure du corps de pompe.

Quand l'appareil atterrit, le liquide se comprime violemment dans le corps de pompe et il s'écoule à travers les orifices du piston avec une vitesse proportionnelle à la racine carrée de la pression de ce liquide. La force vive de l'appareil d'aviation s'amortit ainsi progressivement pendant que le piston descend dans le corps de pompe et la force vive que possédait l'appareil se transforme en calories qui échauffent le liquide.

A orifice constant, la vitesse de descente du piston est proportionnelle à la vitesse de l'écoulement du liquide et par conséquent proportionnelle à la racine carrée de la pression liquide.

On peut avoir intérêt à rendre la vitesse de descente du piston, proportionnelle à la pression ou mieux au carré de cette pression du liquide ; il faudra pour cela que la section des orifices soit fonction de la vitesse d'écoulement. On obtiendra ce résultat en commandant les orifices du piston par des soupapes ou clapets automatiques, munis de ressorts convenables, ou par des lumières commandées par des cames ; l'orifice deviendra ainsi fonction de la pression du liquide et on pourra faire tel réglage que l'on voudra.

Empennage stabilisateur. — L'empennage stabilisateur se compose d'une surface qui est en même temps porteuse, située à l'arrière du fuselage et à environ 3 mètres. Cette surface peut en même temps pivoter autour d'un axe transversal.

De plus, cette surface étaie une quille verticale et cet ensemble cruciforme sert à la fois de gouvernail d'altitude et de gouvernail de direction. Le tout est fixé par des ressorts dans une position d'équilibre qui lui fait jouer au repos, pendant l'avancement, le rôle d'un double empennage élastique.

Dispositif de stabilité transversale. — Le dispositif de stabilité transversale est assuré par un léger V donné aux ailes, et par des limiteurs d'incidence à ressorts.

De plus, le pilote a, à sa disposition, une commande de gauchissement des plans porteurs devant assurer l'équilibre en cas de non-fonctionnement imprévu des autres organes.

Le gouvernail d'altitude. — Le gouvernail d'altitude est constitué comme nous l'avons dit par une surface portante située à l'arrière du fuselage, et concourt en même temps au rétablissement de l'équilibre longitudinal.

Les biplans Bréguet sont munis de divers types de moteurs suivant le but poursuivi. Les types actuels courants comprennent les 50, 70 et 100 HP Gnôme, le 60 HP Renault, etc.

L'hélice est généralement démultipliée; elle est tantôt en bois, à 2 ou 4 pales, et tantôt souple métallique à trois pales (système Bréguet).

Poste de commande. — Ce poste de commande comporte un volant dont la rotation actionne un gouvernail de direction. Ce volant est monté sur un levier mobile dont le déplacement actionne le dispositif d'équilibre longitudinal qui sert, en même temps, comme on le sait, de gouvernail de profondeur.

En manœuvrant le même levier à droite ou à gauche, on peut commander le redressement transversal. Il en résulte que le pilote a sous la main les moyens de commander, par un seul organe, les différents dispositifs qui concourent à l'équilibre de l'appareil.

Le poste du pilote est placé en arrière des plans porteurs et cette disposition est particulière à l'appareil Bréguet, car dans la plupart des biplans le pilote est placé sur la partie avant des surfaces portantes.

Le gouvernail de direction. — Le gouvernail de direction est constitué comme dans la plupart des autres appareils par une surface à axe vertical, placé à l'extrémité arrière du fuselage et en arrière de l'empennage stabilisateur.

Résumé des caractéristiques.

Surfaces portantes : $34^m,5o$.
Envergures : plan supérieur : 14 mètres ;
Envergures : plan inférieur : 9 mètres ;
Longueur de l'appareil : 9 mètres ;
Longueur antéro-postérieure des surfaces : $1^m,5o$;
Intervalle vertical : $1^m,8o$;
Hauteur totale : $3^m,5o$;
Type du moteur : divers ;
Vitesse : divers ;
Diamètre de l'hélice : divers ;
Pas de l'hélice : divers ;
Vitesse de l'hélice : divers ;
Vitesse d'avancement : 75 à 110 km. à l'heure ;
Poids total nu : 540 kilogrammes ;
Poids total porté par mètre carré : 22 à 35 kg.

L'Aéroplane CURTISS

Dans l'établissement de son appareil, M.G.H. Curtiss a surtout cherché la réalisation des grandes vitesses.

Après avoir, avec le concours de plusieurs amis, conçu et construit d'intéressants appareils dont les plus connus sont : le June Bug, le Red Wing, le White Wing et le Silver Dart, celui-ci maintes fois décrit, où le principe du biplan s'accompagnait des dispositifs les plus divers, M. Curtiss songea à travailler pour son propre compte et monta l'appareil dont on a pu à Reims enregistrer les performances jusqu'ici imbattables, officiellement du moins.

Dans le cours de l'année 1910, G.H. Curtiss accomplit de remarquables vols et l'on annonce même qu'il avait, dès le début de l'année, battu tous les records de vitesse seul et avec passager. Il est regrettable que l'on n'ait pu enregistrer officiellement ces vols en raison des discussions qui se sont élevées à propos de la puissance du moteur de Curtiss, discussions desquelles une conclusion peut être tirée : le moteur de Curtiss est susceptible de variations de puissance considérables, ce qui est tout à son éloge ; toutefois le régime de marche est vraisemblablement voisin de 5o chevaux, ce qui est assez loin des 35 chevaux annoncés à Reims en 1909, et en même temps des 65 chevaux, limite extrême et qui n'a certainement pas été atteinte quoi qu'en ait dit le *Scientific American*. Il ne faut pas se dissimuler que l'appareil Curtiss est exceptionnellement léger pour sa surface, conçu et construit pour les grandes vitesses, et que parmi les appa-

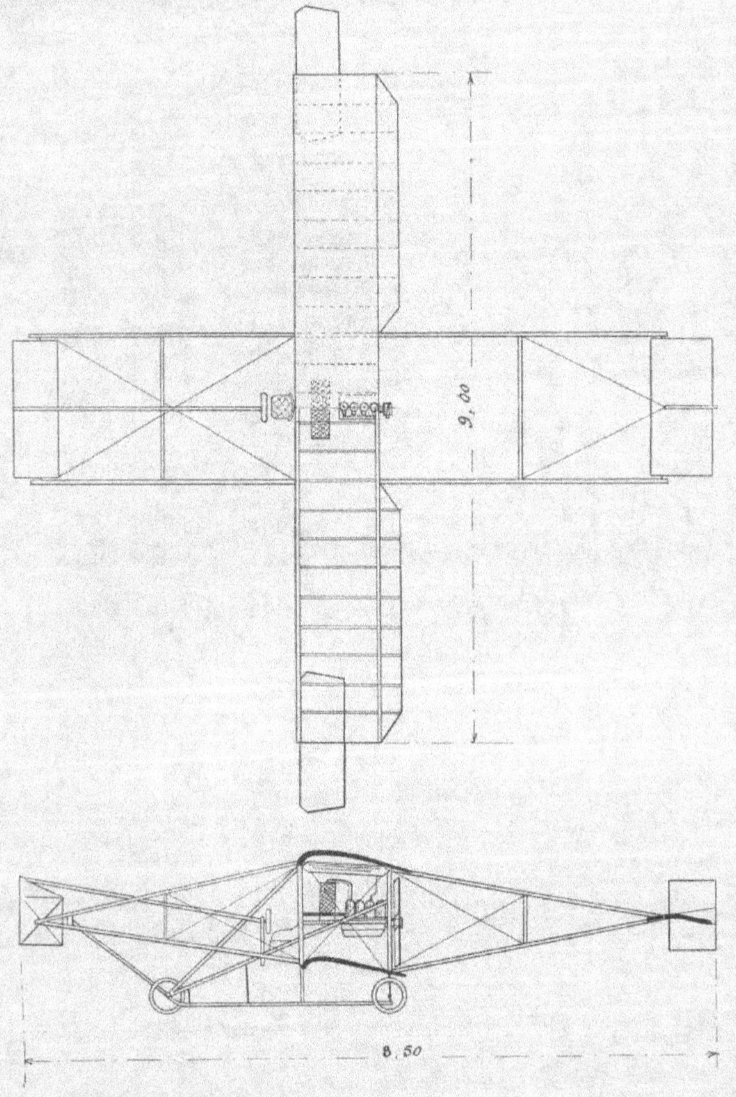

reils français les plus rapides, il n'y en a pas eu un seul, dans la catégorie biplans, qui absorbe au régime de 80 kilomètres plus de 5o chevaux, malgré un surcroît de poids relativement considérable.

Nous citerons les Maurice et Henry Farman, pesant 100 kilos de plus que le Curtiss et avec lesquels on a pu enregistrer des vitesses dépassant 80 kilomètres à l'heure, le moteur de 5o chevaux travaillant à un régime assez éloigné de sa limite.

L'appareil Curtiss est bien l'œuvre d'un expérimentateur savant et audacieux ; il évoque par sa forme les phases successives d'études de vol plané poursuivies avec une ténacité digne d'éloges par son auteur.

La légèreté et la parfaite solidité sont les deux impressions immédiates que l'on éprouve en l'examinant ; il semble que le pilote initié à la manœuvre d'un tel appareil s'enlève avec la plus grande facilité et qu'une parfaite harmonie dans l'ensemble des commandes évite à l'aviateur toute éventualité de fausse manœuvre.

L'absence de tout organe imprécis, de tout intermédiaire susceptible de provoquer l'hésitation, la réalisation par des moyens fort simples mais de haute valeur mécanique, de tous assemblages et renvois de mouvement, expliquent clairement pourquoi le biplan Curtiss peut, entre les mains d'un habile pilote, accomplir les vols les plus hardis.

Ajoutons que le moteur et l'hélice peuvent assurer sans un raté ni une variation de régime la marche au gré de l'aviateur, ce qui est, nous devons le reconnaître, tout à fait exceptionnel.

Le biplan Curtiss comprend :

Les plans principaux ;

Les surfaces auxiliaires d'équilibre transversal ;

Le bâti porteur ;

Le train de roulement ;

Le gouvernail d'altitude ;

L'empennage ;

L'ensemble moto-propulseur ;

Le gouvernail de direction ;

Le poste de commande.

Plans principaux. — Les plans principaux sont constitués par deux ensembles, longerons et membrures, de chacun 12^{mq},500 de surface ; ce qui donne un total de 25 mètres carrés de surface portante.

Une seule toile est tendue au-dessus des membrures, la partie inférieure restant à bois nu. M. Curtiss explique que la surface supérieure seule des ailes de l'oiseau est parfaitement lisse.

Les entretoises et assemblages des plans principaux sont presque entièrement constitués de bambou et corde à piano.

Surfaces auxiliaires d'équilibre transversal. — Entre les deux plans principaux de son appareil et aux extrémités, M. Curtiss a établi des surfaces à inclinaison variable de 4 mq. environ et grâce auxquelles il obtient un effet analogue à celui du gauchissement, en combinant leur inclinaison avec le déplacement du centre de gravité.

A cet effet, le câble de commande de ces surfaces est fixé au siège de l'aviateur, en sorte que si, par exemple, l'appareil s'incline à droite et qu'il cherche à redresser les plans, le pilote s'incline à gauche dirigeant vers le sol la surface auxiliaire de droite et vers le ciel la surface auxiliaire de gauche. La combinaison de ce déplacement du centre de gravité et de la variation opportune d'incidence réalise l'équilibre cherché sans manœuvre spéciale.

Nous devons dire que des aviateurs français ont usé du même principe.

Bâti porteur. — D'une grande légèreté et fort simple, le bâti porteur est composé d'une charpente d'acier savamment triangulée ; la place du pilote est sur le bâti même en notable surélévation par rapport aux plans principaux, ce qui place assez haut, par rapport au centre de pression, le centre de gravité de l'appareil.

Train de roulement. — Le train de roulement est absolument élémentaire ; trois petites roues sont fixées : deux sous la partie postérieure du plan principal inférieur, la troisième au point de jonction des tiges de connexion entre l'avant des plans, le plan de suspension du moteur et le gouvernail d'altitude ; jonction qui s'opère sur l'essieu même de cette roue, relié d'autre part à l'essieu qui porte les deux roues arrière.

Il est à signaler que ce train n'est muni d'aucun dispositif amortisseur.

Gouvernail d'altitude. — Le gouvernail d'altitude est biplan avec, dans la partie médiane, un petit plan vertical d'orientation. Son envergure est faible et sa surface 2^{mq},5 environ. Ainsi sa résistance à l'avancement est réduite au minimum.

Il est placé à 3 mètres en avant des plans principaux.

Empennage. — L'empennage ou dispositif de stabilisation arrière est monoplan ; sa surface est de 3 mq. ; il est en arrière des surfaces portantes et son action stabilisatrice est remarquablement sensible malgré ses dimensions réduites.

Ensemble moto-propulseur. — Le moteur est un Curtiss 65 chevaux, 8 cylindres, refroidissement par eau, dont ci-dessous la description.

Le moteur Curtiss comporte 4 cylindres verticaux de $113^m/_m$ d'alésage et de $121^m/_m$ de course.

Les cylindres sont en fonte coulée avec chemises en cuivre soudure autogène. Le refroidissement a lieu par circulation d'eau et pompe.

Le graissage est assuré d'une façon très efficace ; la pompe à l'huile se trouve dans le carter ; elle est commandée par l'arbre des cames ; l'huile est envoyée à travers l'arbre creux des cames aux paliers principaux et de là aux coussinets des manivelles et bielles ; l'excédent est renvoyé du carter à un réservoir distinct placé sous le moteur, et la pompe le reprend à nouveau.

Le carter en aluminium composition de Mac Adamite, les arbres sont en acier vanadié, les pistons et bielles en alliage léger où entre l'aluminium.

Une seule tige munie d'une came actionne les soupapes.

L'allumage a lieu par magnéto Bosch.

La puissance développée est de 50 HP à 1,300 tours, la vitesse pouvant être portée à 1.800 tours.

Le poids du moteur, en y comprenant la pompe à eau et les organes de graissage est de 42 kilos ; si l'on y ajoute le dispositif d'allumage, le radiateur, les accessoires, on arrive au poids total en ordre de marche de 85 kilogrammes, soit $3^k,4$ par cheval.

La position du moteur est telle que l'axe de son son arbre coïncide avec une ligne tirée du pivot de commande avant à celui de commande arrière, à 1 mètre environ au-dessus de la poutre arrière.

L'hélice est une « intégrale » du type Chauvière, à 2 pales ; son diamètre est de $2^m,60$; son pas de $1^m,15$; elle tourne à la vitesse de 1,200 tours, ce qui correspond à une vitesse d'avancement de l'appareil de 72 kilomètres à l'heure.

L'hélice est placée directement sur l'arbre des manivelles et immédiatement derrière les plans principaux.

Gouvernail de direction. — Le gouvernail de direction est composé d'un plan vertical dont la surface est de 2 mètres carrés ; il porte en sa partie médiane une rainure qui permet de le faire pivoter en chevauchant sur l'empennage stabilisateur.

Il est relié par des leviers et des câbles au poste du pilote.

Poste de commande. — Le poste où se tient le pilote est aménagé à l'avant des surfaces principales et surélevé de $0^m,50$.

Le pilote a à sa disposition :

I. Un volant de double commande dont la rotation actionne le gouvernail vertical ou de direction, et dont la translation dans le sens ou en sens inverse de la marche actionne le gouvernail d'altitude. L'aviateur a donc sous la main deux mouvements principaux.

II. Un dispositif d'équilibrage réalisé par le siège même du pilote et deux câbles conjugués qui actionnent simultanément et en sens inverse les plans auxiliaires d'équilibre transversal (voir plus haut l'action de ces plans).

III. Trois pédales dont l'une agit sur l'admission des gaz dans le moteur, la deuxième sur un injecteur d'huile, et la troisième sur un frein qui permet d'arrêter l'appareil une fois à terre en agissant sur la roue avant.

Résumé des caractéristiques.

Longueur : $8^m,50$.
Envergure : 9 mètres.
Surface : 24 mq.
Type du moteur : Curtiss 8 cyl. en V.
Puissance du moteur : 65 chevaux.
Vitesse de l'hélice : 1,200 tours par minute.
Diamètre : $2^m,60$.
Pas : $1^m,15$.
Poids monté : 320 kilogr.
Poids enlevé par mq. : 13 kilogr.
Vitesse d'avancement : 72 kilom. à l'heure.

L'Aéroplane CURTISS=PFITZNER

Nous avons précédemment donné la description de l'appareil biplan avec lequel Glen H. Curtiss s'attribua en 1909 la coupe Gordon-Bennett de vitesse.

On sait quelles difficultés eut depuis Glen Curtiss avec la firme Wright; le sympathique américain subit d'ailleurs le sort commun à tous les constructeurs d'aéroplanes, coupables d'avoir adapté à leurs appareils un dispositif breveté maintes fois avant que les célèbres Américains eussent songé à l'aviation.

Après avoir paru, pendant un certain temps, s'intéresser moins vivement à l'aviation, Glen Curtiss a construit, avec la collaboration de l'ingénieux chercheur Pfitzner un appareil qui a déjà effectué sur de courtes distances cependant des vols fort intéressants et dont certaines particularités méritent quelques lignes de description.

L'appareil Curtiss-Pfitzner est du type monoplan et comporte :

Les ailes ou surfaces portantes ;
Le fuselage ou corps fuselé ;
Le châssis amortisseur ;
L'empennage stabilisateur ;
Le gouvernail d'altitude ;
Le dispositif de stabilité transversale ;
L'ensemble moto-propulseur ;
Le poste du pilote ;
Le gouvernail de direction.

Ailes ou surfaces portantes. — Le monoplan Curtiss-Pfitzner comporte deux ailes composées chacune de trois places porteurs juxtaposées et dont les charpentes sont reliées l'une à l'autre par des

CURTISS-PFITZNER

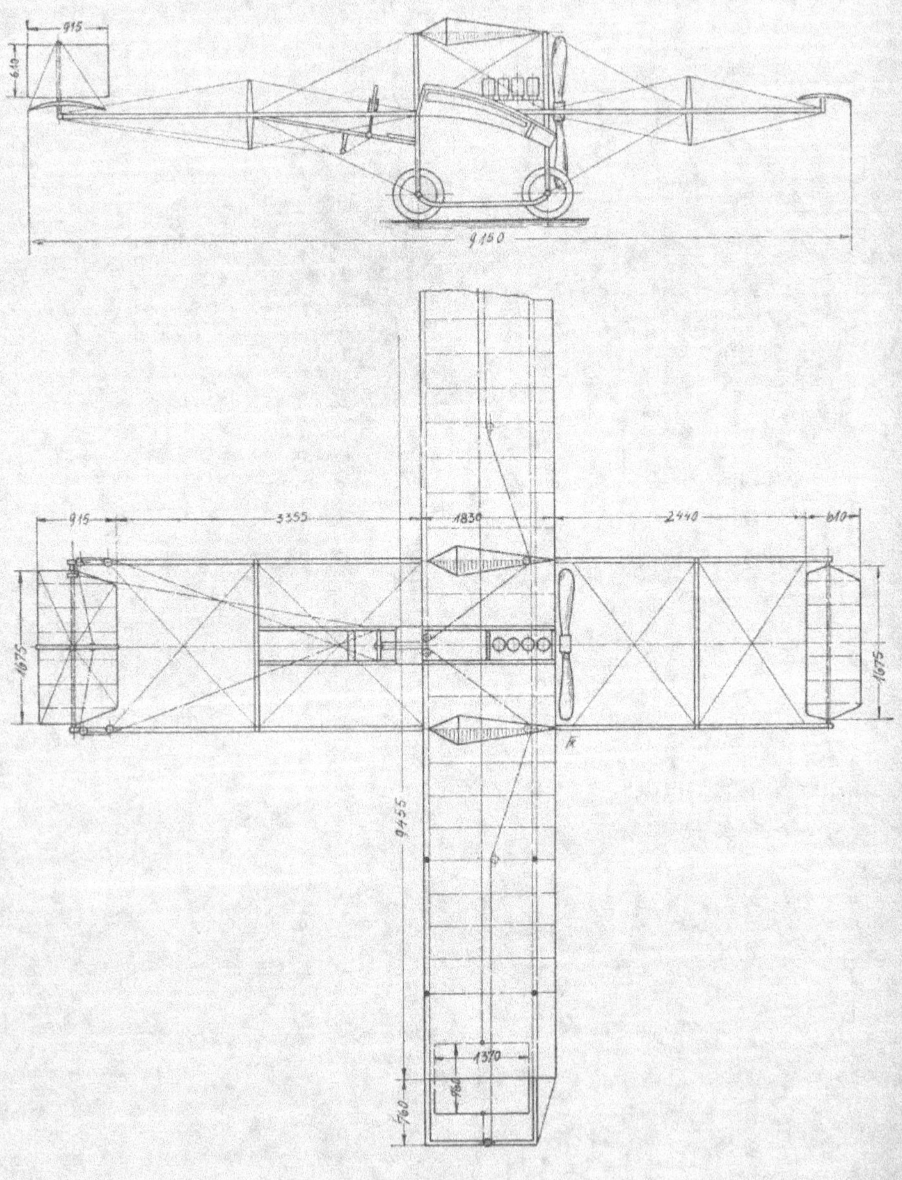

douilles en acier. Chaque morceau d'aile a une largeur de 1^m,53 et une longueur antéro-postérieure de 1^m,83.

Les ailes forment avec l'horizontale un angle de 5°.

La légère charpente qui en constitue les parties est tendue à sa partie supérieure de soie japonaise caoutchoutée par un vernis, et fixée en une grande quantité de points selon le mode habituel.

La courbure de la face externe est étudiée et réalisée de telle façon que le centre de gravité de l'ensemble soit à 0^m,455 du bord antérieur du plan porteur.

L'inventeur a donc manifestement recherché à faire coïncider le mieux possible le centre de pression et le centre de gravité.

Il a, d'autre part, donné à la carcasse des ailes une courbe dont la flèche atteint 0^m,095 pour une longueur antéro-postérieure de 1^m,83.

Enfin l'épaisseur du bord antérieur est d'environ 46 centimètres et l'incidence à cet endroit a été relevée à 8°.

On retrouve, dans ces détails, la conception d'ensemble qui a fait le succès du biplan Curtiss et aussi la même hardiesse et la même simplicité dans les moyens de réalisation.

Fuselage ou corps fuselé. — C'est à proprement parler un très léger cadre formé de tubes d'acier remplaçant les bambous précédemment employés par Curtiss.

Le cadre a une longueur de 8^m,25 et une largeur de 2 mètres ; les deux tubes longitudinaux sont entretoisés et triangulés par des tubes et des câbles tendeurs.

Sur ce cadre qui repose sur le châssis porteur à 1^m,50 du sol environ sont assujettis les supports d'articulation des commandes, et les entretoises extrêmes constituent les axes des deux gouvernails.

Remarquons que par sa structure ce fuselage est de tous ceux connus celui qui offre le minimum de résistance à l'avancement.

Châssis amortisseur. — Le châssis amortisseur est constitué par un cadre formé de deux traverses formant essieux et réunies en carré par deux brancards de 1^m,70 formant patins.

A l'aplomb des moyeux des quatre roues s'élèvent quatre montants également entretoisés et d'une hauteur de 2^m,50 au-dessus du sol.

L'ensemble ainsi établi est suffisamment rigide pour supporter tout le système de propulsion ainsi que le corps fuselé.

Empennage stabilisateur. — L'empennage stabilisateur, situé à l'extrême arrière du fuselage, est constitué par un plan de 1^m,675 sur 0^m,610 dont l'incidence peut être réglée, mais reste fixe pendant le vol.

Gouvernail d'altitude. — Le gouvernail d'altitude, placé à l'extrême avant, est formé par un plan de 1^m,675 sur 0^m,915, mobile autour d'un axe transversal horizontal à 3^m,50 en avant des ailes.

Dispositif de stabilité transversale. — Le dispositif de stabilité transversale est constitué par deux plans de 1^m,370 sur 0^m,760 pouvant se déplacer de façon à obturer ou à découvrir un espace vide ménagé aux deux extrémités latérales des surfaces portantes.

Ce déplacement des deux plans a lieu simultanément et en sens opposé de telle sorte qu'il en résulte un couple de redressement approprié au mouvement de l'appareil, par déplacement du centre de pression.

Ce sont à proprement parler des volets remplissant l'office des ailerons, mais par un artifice très original.

On trouvera sur le plan et sur le schéma annexés à cette notice une démonstration très claire du rôle et du fonctionnement de ces volets.

Ensemble moto-propulseur. — Glen H. Curtiss, qui est un très habile mécanicien, avait établi pour son biplan modèle Reims un moteur à 4 cylindres verticaux très léger et parfaitement étudié pour son utilisation spéciale.

Un moteur analogue est monté sur le châssis du monoplan et commande directement une hélice en bois Curtiss à deux pales, tournant à 1.400 tours avec 2 mètres de diamètre et 1^m,40 de pas.

Il faut signaler que le groupe propulseur est situé derrière le pilote légèrement au-dessus des ailes et qu'ainsi le centre de gravité de l'appareil est notablement plus élevé que dans les autres systèmes. Cette particularité existait déjà dans le biplan Curtiss, mais tout l'ensemble se trouvait entre les deux plans.

L'appareil monoplan a atteint en essai 76 kilomètres à l'heure.

Poste du pilote. — Le simple examen du croquis ci joint montrera avec quelle simplicité les différentes commandes ont été conjuguées dans le monoplan Curtiss-Pfitzner.

Comme on peut le voir, le pilote a entre les mains une roue ou volant pouvant tourner suivant un plan vertical dans une chape avec axe, suivant une

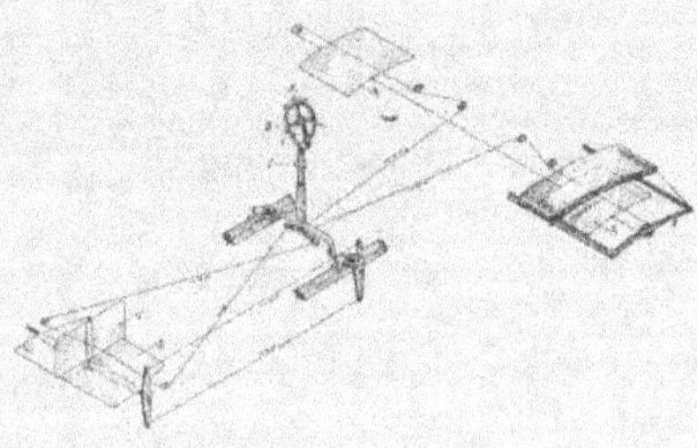

génératrice de sphère, dans le tube qui lui sert de support, cependant que le tube lui-même peut entraîner dans un mouvement avant-arrière le levier creux sur lequel il est monté.

Il en résulte la possibilité des mouvements suivants :

1° Rotation du volant autour de son axe horizontal ; commande des volets de stabilité latérale ;

2° Rotation du volant autour d'un axe vertical ; commande du gouvernail de direction ;

3° Déplacement du levier d'avant en arrière : commande du gouvernail d'altitude.

Il est au moins curieux de songer que les trois mouvements peuvent être effectués simultanément et l'on retrouve, là encore, une manifestation de l'esprit hardi du constructeur.

Nous n'insisterons pas, d'ailleurs, sur la portée pratique de cette solution extrêmement ingénieuse dans sa conception, du problème des équilibres, car il est constant qu'à moins d'une virtuosité prodigieuse, un tel système de commande offre de réels dangers.

Disons seulement que Glen Curtiss et son collaborateur ont, pour cette partie de leur appareil, réalisé une des plus élégantes solutions dans le domaine de la simplicité.

Indépendamment de ce volant de commande, le pilote a près de lui tous les leviers et manettes du moteur et de ses accessoires.

Il est assis complètement en avant des ailes et le haut de son corps est nettement au-dessus.

Les réservoirs et radiateurs sont fixés à la partie supérieure des châssis porteurs.

Gouvernail de direction. — Il est composé d'un plan vertical placé au-dessus du gouvernail d'altitude et dont les dimensions sont $0^m,915 \times 0^m,610$

Résumé des caractéristiques :

Envergure : $9^m,455$ plus deux espaces de $0^m,760$ pour la manœuvre des volets.

Longueur antéro-postérieure des ailes : $1^m,830$.

Surface portante : 18 mq.

Longueur de l'appareil : $9^m,150$.

Type du moteur : Curtiss.

Puissance du moteur : 50 chevaux.

Diamètre de l'hélice : 2 mètres.

Pas : $1^m,50$.

Vitesse : 1,400 tours.

Vitesse de l'appareil : 75 kilom. à l'heure.

Poids en ordre de marche : 310 kilogr.

Poids porté par mq : 17 kilos.

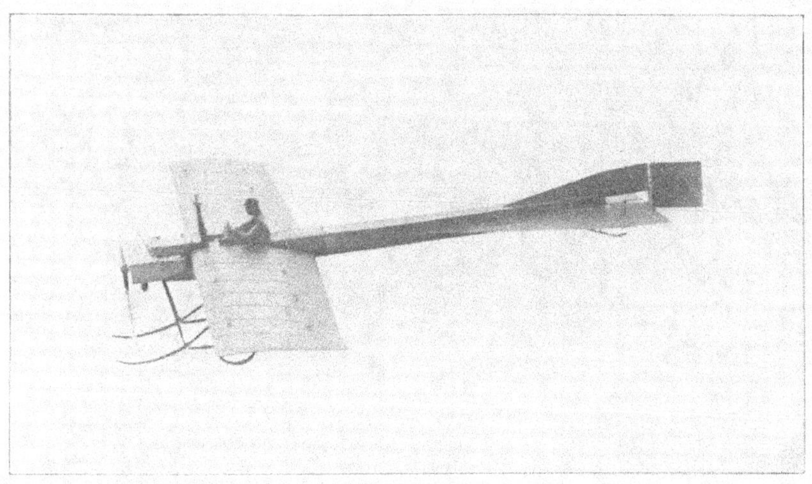

L'Aéroplane DEPERDUSSIN

Après avoir consacré plusieurs années à l'étude et aux perfectionnements des canots automobiles, pour lesquels il a créé d'ailleurs une Coupe qui attire chaque année de nombreux compétiteurs, M. Armand Deperdussin a voulu aussi entreprendre la construction des aéroplanes et nous sommes heureux de constater qu'il a pleinement réussi.

Pilotés par Vidart les appareils Deperdussin, bien que de création récente, ont effectué de fort beaux vols.

D'autres particularités signalent cet appareil à l'attention : le haubannage sur câbles et sans pylônes, l'hélice à six palés, etc.

L'aéroplane Deperdussin est du type monoplan et comprend essentiellement :

Les ailes ou surfaces portantes;
Le fuselage ou corps fuselé;
Le châssis amortisseur;
L'empennage ou queue stabilisatrice;
Le dispositif de stabilité transversale;
Le gouvernail d'altitude;
L'ensemble moto-propulseur;
Le poste du pilote;
Le gouvernail de direction;

Ailes ou surfaces portantes. — Les ailes présentent une surface rectangulaire légèrement arrondie aux extrémités postérieures. Elles sont peu épaisses et constituées par des longerons et des nervures très rapprochées. Leur courbure est peu accentuée en raison des grandes vitesses de translation prévues pour l'appareil. Leur mode de fixation a été particulièrement étudié. Six haubans ont été disposés de chaque côté du fuselage, auquel, en raison de sa hauteur, ils ont été reliés directement.

L'envergure des ailes est de 9 mètres et leur largeur antéro-postérieure de 1^m,80.

DEPERDUSSIN

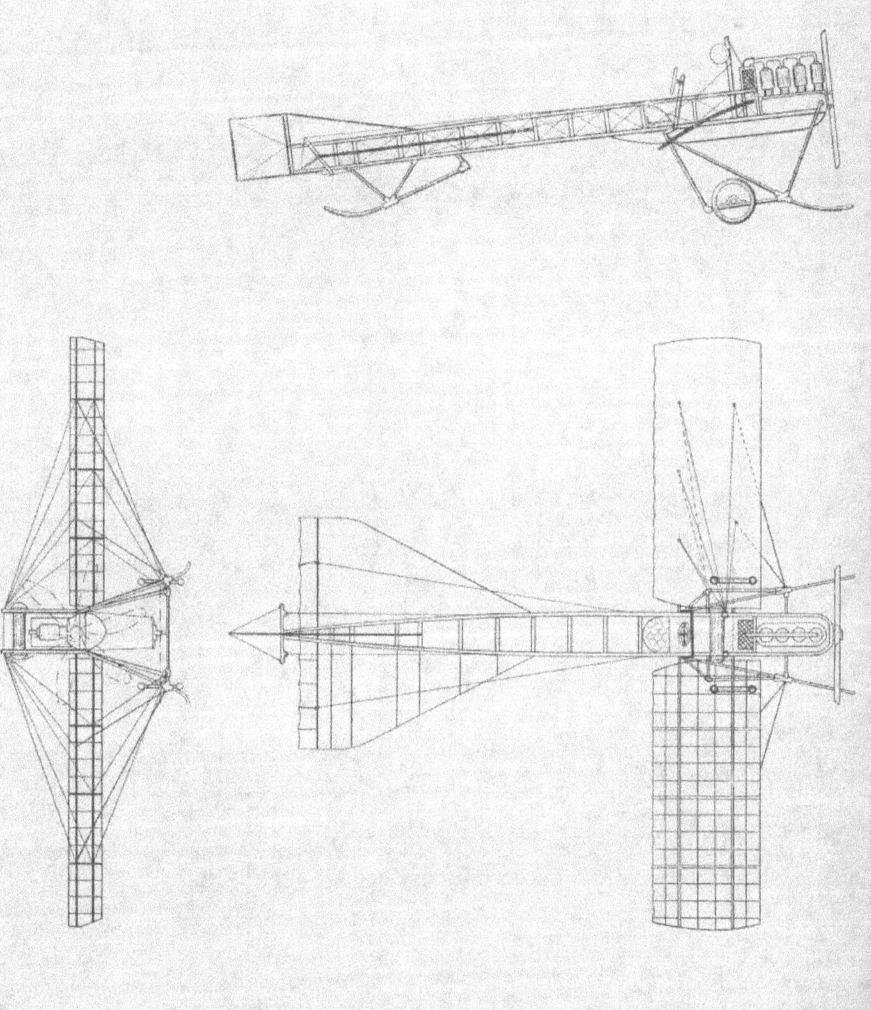

Fuselage ou corps fuselé. — Le fuselage est constitué par une poutre croisillonnée quadrangulaire de 0ᵐ,35 de côté au maître couple. Cette poutre, dont les longerons et les croisillons sont fixés par des douilles à oreilles et contreventés par des cordes d'acier à tension réglable, est renforcée à l'avant par une coque marine démontable, de manière à permettre les réparations du fuselage. La coque, imitée de celle des canots, est construite entièrement en bois. Elle supporte le moteur et le pilote, ainsi que les réservoirs. Sa surface est parfaitement lisse afin de présenter le minimum de résistance à l'avancement.

On a eu soin, d'ailleurs, d'entoiler la poutre afin de favoriser le plus possible la pénétration.

La longueur totale du fuselage, dont l'arrière se termine en pyramide, est de 9 mètres.

Châssis amortisseur. — Le châssis amortisseur est du modèle roues et patins. Chaque roue porte un cadre trapézoïdal dont le côté supérieur vient se fixer sur la coque.

Le point d'appui est pris sur deux patins très courts, par l'intermédiaire de bagues amortisseuses en caoutchouc.

Une diagonale de ce trapèze plonge vers l'avant et se termine par un patin dont la destination est la protection de l'hélice au moment où elle pourrait venir toucher le sol à l'atterrissage.

La coque avant surplombe le châssis auquel elle est réunie par une attache souple devant réagir contre les chocs susceptibles de déformer l'ensemble. Un patin à l'arrière complète le dispositif.

Empennage ou queue stabilisatrice. — L'empennage se compose de deux surfaces triangulaires fixées de chaque côté du fuselage dans la position horizontale.

Chacune de ces surfaces a environ 2 mètres carrés et leur centre de pression est à 7 mètres environ du centre de gravité de l'aéroplane.

Deux petits plans de dérive triangulaires sont fixés verticalement à l'arrière de la poutre.

Dispositif de stabilité transversale. — La stabilité transversale est obtenue par gauchissement des surfaces portantes. A cet effet trois haubans sont fixés d'une part au bord postérieur des ailes et d'autre part à un tendeur de réunion qui porte un câble de commande dont le pilote a l'extrémité sous la main.

Ce câble se déplace sous les ailes, le rappel étant assuré par un second câble placé au-dessus.

Nous avons vu que deux plans de dérive sont adjoints à l'empennage horizontal; ils concourent à assurer la stabilité de direction.

Gouvernail d'altitude. — Placé immédiatement derrière l'empennage stabilisateur horizontal, le gouvernail d'altitude comporte deux surfaces quadrangulaires se déplaçant dans une échancrure ménagée à l'extrémité du fuselage.

Chacune de ces surfaces a 0ᵐ,30 sur 1ᵐ,25 : soit pour l'ensemble 0ᵐ²,40 environ.

Ensemble moto-propulseur. — Le moteur, assujetti sur la coque avant, est placé plus haut que les ailes, et en avant de celles-ci. M. Deperdussin a choisi le moteur Clerget de 50 chevaux à 4 cylindres verticaux et refroidissement par eau, le radiateur étant placé verticalement derrière le moteur.

Celui-ci commande directement une hélice d'un modèle spécial à l'inventeur.

Elle se compose de 6 pales étroites en bois extra-léger suffisamment flexible et de masse extrêmement réduite.

Ces six lames très solidement assemblées au moyeu donnent par leur surface et leur angle d'attaque un rendement très satisfaisant, tandis que leur section croissante de la périphérie au moyeu s'oppose aux vibrations nuisibles, ainsi qu'à la déformation.

La vitesse de rotation de l'hélice est de 1.400 tours pour un avancement de l'aéroplane de 25 mètres par seconde; son diamètre est de 2ᵐ,50 et le pas total de 1ᵐ,80 environ.

Poste du pilote. — Le poste du pilote est placé dans le fuselage entre les ailes qu'il surplombe à l'arrière. Il comporte les sièges, disposés pour une ou deux personnes suivant les cas, et les organes de commandes aussi simplifiées que possible afin de donner à l'aviateur la plus grande liberté de mouvements.

En avant du siège et monté sur un support à articulation, se trouve un volant à double mouvement.

Le déplacement en avant ou en arrière de ce volant provoque la rotation du support autour d'un axe horizontal, et le mouvement se transmet par galets et câbles au gouvernail horizontal arrière, dont les variations d'incidence élèvent ou abaissent l'aéroplane.

En effectuant la rotation de ce même volant autour d'un axe normal au plancher du siège, le pilote transmet aux bords postérieurs des surfaces portantes, un mouvement qui en opère la déformation capable de redresser l'appareil. C'est la commande du gauchissement ou de la stabilisation transversale.

Pour commander le gouvernail vertical ou de direction, le pilote se sert d'une barre qu'il commande au pied et dont la position est parfaitement réglable à son gré.

Gouvernail de direction. — Le gouvernail de direction se compose d'un plan vertical quadrangulaire dont le côté mesure environ 0m,70 et qui pivote autour d'un axe vertical fixé à l'extrême-arrière du fuselage.

Ce gouvernail porte sur l'axe un levier transversal que l'on actionne au moyen de câbles, courant le long du fuselage et reliés au palonnier de commande.

Il est intéressant de noter la grande simplicité et les lignes particulièrement harmonieuses du monoplan Deperdussin.

Planant normalement avec une incidence de 4 à 5 degrés en marche avec le poids de 45o kilogrammes, cet appareil présente un des meilleurs rendements de surface ainsi qu'une résistance à l'avancement des plus réduites.

Résumé des caractéristiques:

Appareil à une place :

Envergure : 9 mètres.
Surface : 16 mq.
Longueur antéro-postérieure des ailes : 1m,8o.
Longueur de l'appareil : 9m,5oo.
Type du moteur : Clerget.
Puissance du moteur : 5o HP.
Type de l'hélice : en bois à 6 pales.
Diamètre de l'hélice : 2m,5o.
Pas de l'hélice : 1m,8o.
Vitesse : 1.4oo tours.
Poids en ordre de marche : 55o kilogr.
Vitesse d'avancement : 9o kilom. à l'heure.
Poids porté par mq. : 22 kilogr.

Appareil à deux places :

Envergure : 12m,5o.
Surface : 24 mq.
Longueur antéro-postérieure des ailes : 1m,8o.
Longueur de l'appareil : 12 mètres.
Type du moteur : Clerget ou Gnôme.
Puissance du moteur : 7o HP.
Type de l'hélice : en bois à 6 pales.
Diamètre de l'hélice : 2m,6o.
Vitesse de l'hélice : 1.4oo tours.
Poids en ordre de marche : 48o kilogr.
Vitesse d'avancement : 85 kilom.
Poids porté par mq. : 2o kilogr.

L'Aéroplane ESNAULT=PELTERIE

M. Esnault-Pelterie fut un des premiers adeptes du monoplan.

Dès 1906, il s'était appliqué à réaliser un planeur et en 1907-1908 il arriva à construire par modifications successives un appareil susceptible de s'enlever avec un moteur (1).

L'appareil qui fit plusieurs vols en 1909 et que nous avons décrit dans une édition précédente n'a pas subi, dans son principe, de modification bien importante.

L'année 1910 fut surtout pour M. Esnault-Pelterie une année d'études et de consécration à la locomotion nouvelle ; chargé par les principaux groupements aéronautiques de missions où sa grande valeur de technicien et d'organisateur s'affirma sans conteste, le distingué inventeur ne suivit pas toujours en personne l'évolution de son industrie ; il n'en est pas moins vrai qu'aussi bien en aéroplanes qu'en moteurs les ateliers de Billancourt firent preuve d'une activité inlassable et la récompense

en fut, parmi d'autres vols remarquables, la très belle performance du pilote Laurens.

Le 27 novembre 1910, avec Mme Laurens comme passagère, l'excellent aviateur a couvert sur l'aérodrome de Buc 80 kilomètres en 1 heure 1 minute 55 secondes (1).

Ce succès décisif fait grand honneur à M. Esnault-Pelterie, et justifie la prudente réserve en laquelle il s'est tenu, tant que son aéroplane et son moteur n'ont pas été, à son gré, suffisamment au point pour rivaliser brillamment avec les types d'appareils classés.

Quelques détails distinguent le R. E. P. actuel des précédents, d'abord le mode d'attache et de haubanage des ailes ; le train d'atterrissage qui ne comporte plus les petites roues d'extrémités des ailes ; l'hélice ancienne à 4 branches et à pales métalliques a été remplacée par une hélice bipale en

---

(1) C'est avec cet appareil qu'en juin 1908, le pilote Château gagnait le prix des 200 mètres.

(1) A la même époque, Pierre Marie s'attaquait au record de distance en vue d'obtenir la Coupe Michelin, et ne descendait qu'au bout de 6 h. 29 m. 27 s., ayant parcouru 530 kilomètres. L'arrêt du vol ne fut dû qu'à une erreur du pilote qui crut avoir battu les records.

ESNAULT-PELTERIE

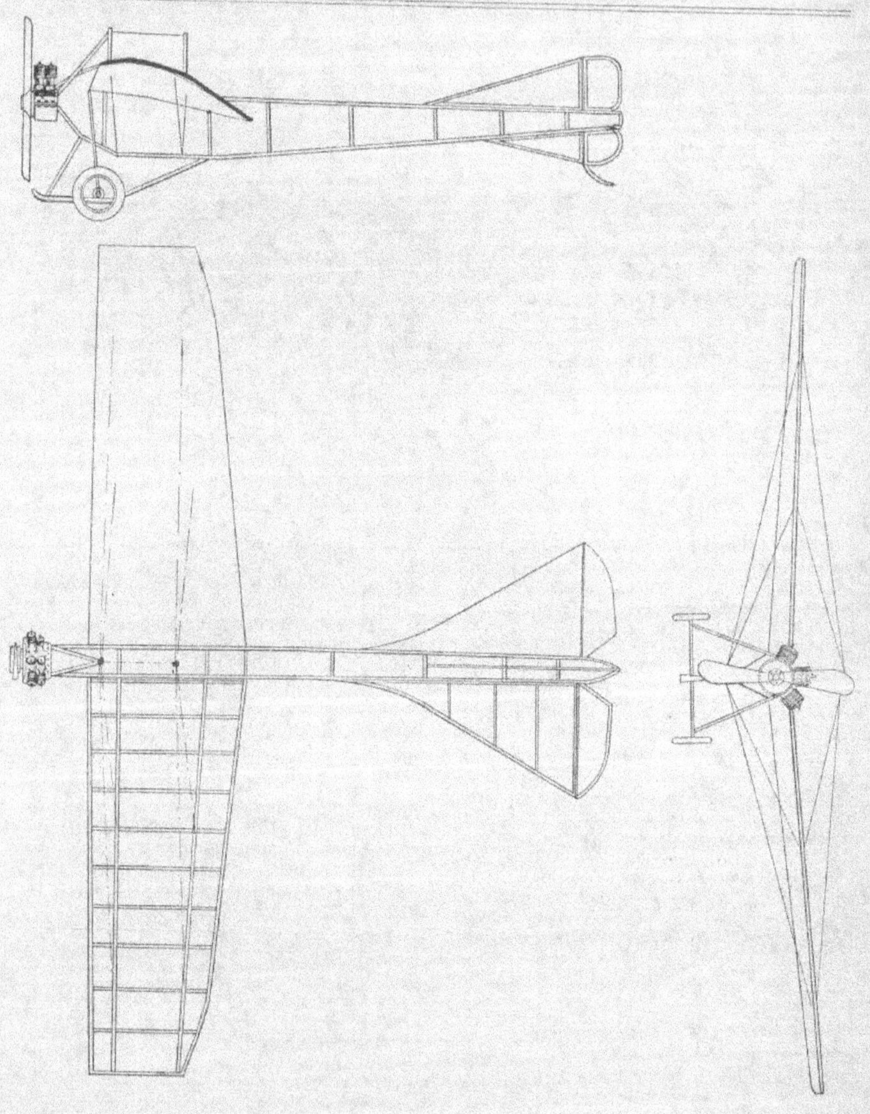

bois ; enfin les surfaces verticales de dérive ont été notablement réduites, le fuselage aminci à l'avant et modifié dans sa forme afin d'augmenter le plus possible la faculté de pénétration.

L'aéroplane Esnault-Pelterie est du type monoplan et comprend :

Les ailes ou surfaces portantes ;
Le fuselage ou corps fuselé ;
Le train d'atterrissage ;
L'empennage ou queue stabilisatrice ;
Le dispositif de stabilité transversale ;
Le gouvernail de profondeur ;
L'ensemble moto-propulseur ;
Le poste du pilote ;
Le gouvernail de direction.

Ailes ou surfaces portantes. — Les ailes ou surfaces portantes sont constituées par deux parties évidées sans mortaises qui forment longeron et qui reçoivent des nervures à section en I. La base des poutres est attachée sur le fuselage par une articulation à l'aplomb du châssis porteur, et, d'autre part, quatre haubans, deux en dessus et deux en dessous assurent par deux potelets solidement fichés dans le fuselage la connexion entre les ailes et le corps de l'appareil.

Les haubans sont pris dans de la bande d'acier et leurs points de fixation comportent des chapes de grande résistance.

L'entoilage des ailes est formé d'un tissu de coton caoutchouté rouge, de couleur peu salissante et de grande résistance tout en étant suffisamment léger. La fixation sur l'ossature a lieu par laçage.

La surface portante des ailes est de 20 mètres carrés.

Chacune d'elles a 5m,20 de large, 2 mètres de longueur antéro-postérieure et leur envergure totale est de 11 mètres.

Le profil des ailes est légèrement concave, l'arrière étant un peu relevé. M. Esnault-Pelterie s'est appliqué à faire coïncider les centres de gravité, de poussée et de sustentation, ce qui est d'ailleurs le cas des appareils monoplans dont les ailes viennent à hauteur de la partie supérieure du fuselage, le pilote ayant son poste entre les ailes et émergeant du châssis.

Fuselage ou corps fuselé. — Le fuselage est une charpente légère en tubes d'acier étiré, sans sou-

dure et triangulés pour éviter toute déformation. L'avant est en forme d'étrave et repose sur le châssis d'atterrissage. La poutre va en s'amincissant

vers l'arrière et sa section offre à l'avancement la résistance minimum.

Ainsi que les ailes, le fuselage est entièrement entoilé de tissu caoutchouté lacé. Sa longueur est de 8 mètres.

Châssis ou train d'atterrissage. — Le châssis d'atterrissage, qui supporte l'avant du fuselage, repose sur deux roues parallèles distantes de deux mètres.

Ces roues sont indépendantes l'une de l'autre dans leurs mouvements verticaux qui sont amortis par des ressorts en caoutchouc.

L'amortissage au contact avec le sol se fait par l'intermédiaire d'un large patin médian qui, partant du point d'application du choc à l'atterrissage, passe sous l'essieu porteur et se prolonge en avant pour s'opposer au capotage et protéger l'hélice.

Ce patin est monté sur un amortisseur oléo-pneumatique susceptible d'absorber 1.150 kilogrammètres. Le dispositif employé consiste en un cylindre contenant de l'huile et dont la communication avec l'extérieur se fait par un orifice étranglé; le piston, dont la tige est solidaire du patin, remplit donc l'office de frein très énergique au moment du contact et les 25 centimètres de course de ce frein assurent un amortissage énergique, mais suffisamment progressif pour éviter toute chance de dislocation.

L'arrière est muni d'une légère béquille.

Empennage ou queue stabilisatrice. — L'empennage ou queue stabilisatrice est constitué par deux surfaces triangulaires symétriques par rapport à l'axe du fuselage et se développant en queue de pigeon.

Leur constitution est la même que celle des plans principaux et leur surface totale est d'environ 3 mètres carrés.

L'ossature de l'empennage est assemblée par boulons de chaque côté du fuselage, ce qui en rend le démontage et le réglage très rapides.

Dispositif de stabilité transversale. — Les ailes étant très souples à leurs extrémités peuvent être gauchies et ramenées à leur forme normale par des commandes appropriées.

De plus, un plan vertical de dérive de forme triangulaire est fixé suivant l'axe du fuselage sur une longueur de 3 mètres à partir de l'arrière, le sommet du triangle situé vers l'avant.

Gouvernail de profondeur ou d'altitude. — Le gouvernail de profondeur est constitué par deux petits plans de un demi-mètre carré environ juxtaposés à l'arrière de l'empennage stabilisateur et de chaque côté du fuselage.

Ensemble moto-propulseur. — L'ensemble moto-propulseur, fixé à l'extrême avant du fuselage, se compose d'un moteur R. E. P. de 60 chevaux à 5 cylindres, dont on trouvera plus loin la description. Le réservoir à huile et essence peut contenir de quoi voler pendant deux heures et demie.

Il est fixé par deux brides sur le châssis.

Le moteur commande directement une hélice à deux branches en bois de 2m,60 de diamètre et 1m,80 de pas. Le moyeu de cette hélice est bloqué sur le vilebrequin par un cône à clavettes et par deux écrous à pas contraire. Elle peut, en tournant à 1.200 tours, imprimer à l'aéroplane une vitesse de 110 kilomètres à l'heure.

Poste du pilote. — Le pilote est assis entre les ailes, engagé dans le châssis jusqu'aux aisselles et abrité par le réservoir ; sa vue est parfaitement dégagée.

Un levier commande par mouvement avant-arrière le gouvernail d'altitude et par mouvement transversal le gauchissement des ailes. Le gouvernail de direction est commandé au pied. Tous deux agissent dans le sens des réflexes du pilote. Les transmissions sont rigides, mécaniques et largement calculées. Les articulations et frottements sont à billes.

Le pilote a devant lui la bobine à trembleur pour départ au contact avec interrupteur, le compte-tours, l'indicateur de graissage, la manette d'avance, le pointeau d'admission permettant de varier la vitesse entre 500 et 1200 tours. En outre, sont placés devant le pilote le niveau d'huile, les robinets d'essence et d'huile (50 litres et 10 litres) et le chronomètre.

Gouvernail de direction. — C'est un plan vertical au-dessus et au-dessous de l'extrême-arrière du fuselage.

Résumé des caractéristiques :

Envergure : 11 mètres.
Longueur antéro-postérieure des ailes : 2 mètres.
Surface portante : 20 mq.
Longueur totale : 8 mètres.
Hauteur : 2m,50.
Type du moteur : R. E. P.
Puissance du moteur : 60 HP.
Type de l'hélice : R. Frères.
Diamètre de l'hélice : 2m,60.
Pas de l'hélice : 1m,80.
Vitesse : 1.200 tours.
Poids de l'appareil avec 2 passagers: 500 kilogr.
Poids porté par mq : 21 kilogr. (monté).
Vitesse : 110 kilom. à l'heure.

L'Aéroplane ETRICH

L'aéroplane Etrich 1910 fit d'intéressants essais dès le début de l'année.

Dans le courant d'avril il exécuta de fort beaux vols et en mai, piloté par Illner, l'aéroplane Etrich effectua sur l'aérodrome de Steinfeld à Wiener Neustadt un vol de 84 kilom. d'une durée de 1ʰ,11 à une altitude de 300 mètres. Le constructeur a voulu créer un type tout à fait spécial, qui donne à l'Autriche une place à part dans le domaine de l'aviation.

Il s'est notamment inspiré de la forme des rémiges pour étudier la forme des ailes de l'appareil, qu'il a d'ailleurs baptisé « die Taube », c'est-à-dire le pigeon.

Il est à croire qu'en raison des idées très personnelles et de la haute valeur technique de son inventeur, l'aéroplane Etrich se classera rapidement parmi les plus renommés. Aussi bien peut-on, au simple examen de l'appareil dans son ensemble, conclure que chacun de ses éléments de construction est le résultat de patientes recherches et l'appropriation la plus louable des moyens mécaniques à la réalisation des effets qu'obtient naturellement l'oiseau planeur.

L'aéroplane Etrich est du type monoplan et comprend :

Les ailes ou surfaces portantes ;
Le fuselage ou corps fuselé ;
Le châssis amortisseur ;
L'empennage ou queue stabilisatrice ;
Le dispositif de stabilité transversale ;
Le gouvernail d'altitude ;
L'ensemble moto-propulseur ;
Le poste du pilote ;
Le gouvernail de direction.

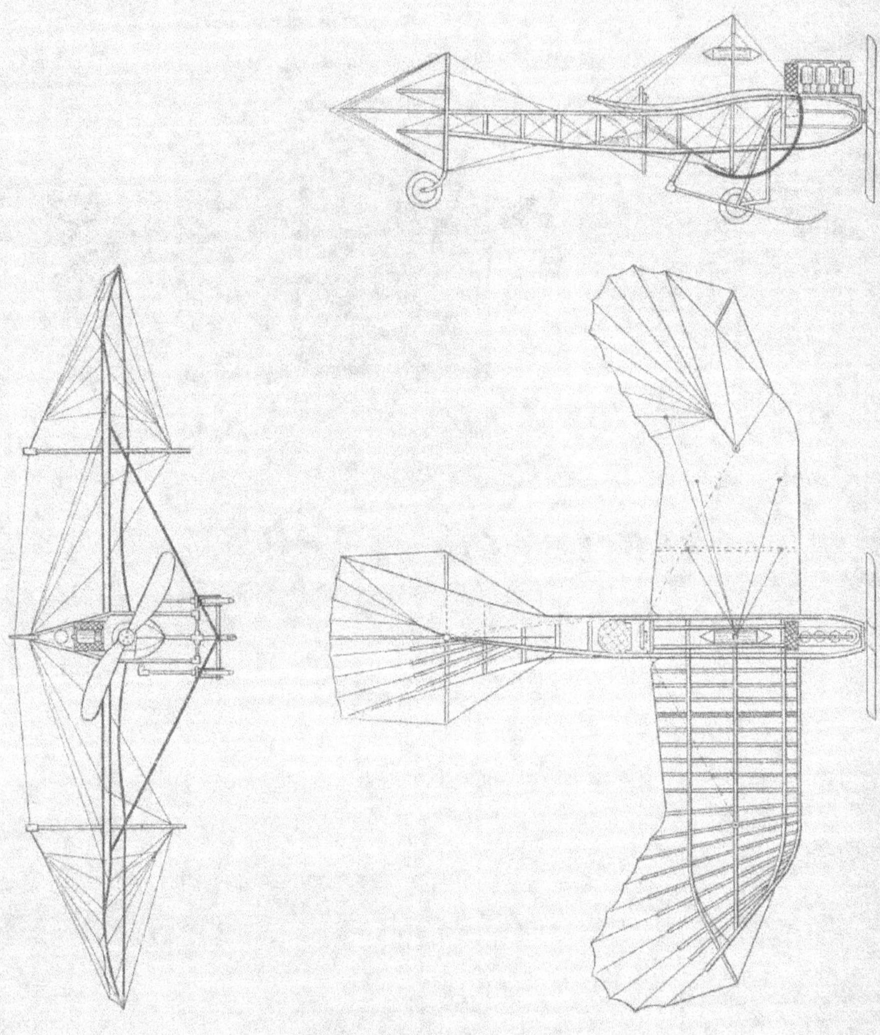

Ailes ou surfaces portantes. — Les ailes ou surfaces portantes se présentent sous la forme d'une lunule dont les pointes tournées vers la partie inférieure s'élargissent, ainsi que les rémiges des ailes d'oiseau, en forme d'éventail, rappelant un peu la forme du pigeon pendant le planement.

Elles sont amorcées sur le fuselage sur une largeur de 1 mètre et le reste est relié aux amorces par un assemblage qui permet de les monter et de les démonter très facilement.

Leur envergure, y compris le fuselage, est de 14 mètres et leur longueur antéro-postérieure moyenne est de 3 mètres.

La surface portante est d'environ 35 mq.

L'ossature des plans principaux est constituée par des vergues transversales rigides sur lesquelles sont assemblées des nervures rigides, le tout tendu en tissu caoutchouté.

Il est à remarquer que la partie vraiment porteuse de la voilure est limitée à environ 6 mètres de chaque côté du fuselage, soit 11^m,50 à 12 mètres d'envergure efficace, les ailerons qui font suite n'intervenant que comme dispositif d'équilibre latéral.

Les ailes sont réunies au fuselage par un double haubanage destiné à leur maintenir leur double courbure soit au repos, soit en vol.

Fuselage ou corps fuselé. — Le fuselage comporte une poutre armée avec étresillonnements et tendeurs.

La partie avant est en forme de proue et s'appuie élastiquement sur le châssis porteur.

Elle supporte à l'extrême avant l'hélice, le moteur et en arrière des ailes le poste du pilote.

A l'arrière, sont fixés les gouvernails, l'empennage, le patin d'atterrissage et les renvois de commandes.

La longueur du fuselage est de 8 mètres.

Châssis amortisseur. — Le châssis amortisseur n'offre pas de particularité. Il est constitué par un cadre élastique avec tubes d'acier et amortisseur à ressorts, monté sur deux roues. La suspension triangulaire rappelle celle des appareils Blériot.

A l'arrière, se trouve fixée au fuselage une tige verticale terminée par un patin monté élastiquement.

Empennage ou queue stabilisatrice. — Cet empennage, fixé à l'extrême arrière du fuselage, se compose d'un plan horizontal, construit avec des bambous flexibles se déployant en éventail au moyen de tirants appuyés sur une barre transversale.

La surface ainsi constituée est repliable vers le haut et vers le bas par une commande à patte d'oie. Elle mesure 4 mq. de surface utile et 3^m,20 d'envergure à l'épanouissement.

Dispositif de stabilité transversale. — Aux extrémités des ailes et à la partie postérieure sont adjoints les ailerons stabilisateurs.

Ces ailerons, qui sont une copie assez fidèle des rémiges, sont constitués par des bambous flexibles, disposés en éventail et dont la section conique leur permet, au moyen de la flexion, d'obtenir des surfaces paraboliques.

L'air qui s'en échappe produit une réaction maximum, tout en absorbant le minimum de pertes de travail et en s'opposant aux mouvements tourbillonnants.

Il est à remarquer que la réunion des ailerons flexibles à la partie rigide de la voilure a lieu sans transition marquée, sans lignes brisées et qu'ainsi le bord antérieur des ailes présente la forme courbe nécessaire à une utilisation optimum des masses d'air traversées.

De plus, le développement et l'extension des ailerons stabilisateurs peuvent être réglés par des tirants se terminant en patte d'oie et qui agissent dans les deux sens. Le pilote peut donc, par une manœuvre appropriée, régulariser l'écoulement de l'air, au moment où ayant agi sur les surfaces portantes, il s'échappe à l'arrière de l'appareil.

En outre, en raison du relief courbé artificiel créé au moment opportun sur les côtés des ailerons, l'issue que trouve l'air pour s'échapper lui permet de prendre une direction très favorable au redressement de l'appareil.

Gouvernail d'altitude. — Nous avons vu que l'empennage stabilisateur est soumis à l'action de tirants qui peuvent, d'une part, en maintenir le déploiement en éventail et, d'autre part, faire varier l'incidence de sa partie flexible.

Les pattes d'oie qui terminent ces tirants sont réunies par des câbles de commande du poste du pilote et cet ensemble constitue le gouvernail d'altitude.

Ensemble moto-propulseur. — Le monoplan

Etrich a été équipé avec plusieurs moteurs. Presque tous les essais ont eu lieu avec un moteur Daimler et, en dernier lieu, le constructeur avait adapté sur son aéroplane un moteur Clerget d'une puissance de 50 chevaux à 1.600 tours, dont le poids ne dépassait pas 75 kilogr.

Ce moteur commande directement une hélice du type Intégral, dont le diamètre est de 2m,20 et le pas de 1m,20, permettant une vitesse de 65 à 70 kilom. à l'heure.

Poste du pilote. — Le poste du pilote, placé en arrière des ailes et à une hauteur telle que le pilote voit par-dessus, comporte un ou deux sièges suivant les cas et les différents leviers nécessaires à la manœuvre.

Un seul volant commande le gouvernail d'altitude et la déformation appropriée des ailerons flexibles.

Le gouvernail de direction est manœuvré par deux pédales.

Il y a lieu de remarquer l'extrême délicatesse des commandes du gouvernail d'altitude et des ailerons stabilisateurs. Nous ne savons si le constructeur a pris la précaution de doubler tous ses fils de commande, mais nous voulons le croire, car en cas de rupture de l'un d'eux, il pourrait y avoir modification et parfois insuffisance dangereuse de l'effet cherché.

Gouvernail de direction. — Le gouvernail de direction est double.

Il se compose de deux petites surfaces triangulaires se déplaçant autour d'un axe vertical fixé à l'extrême arrière du fuselage.

Cet axe se trouve être le prolongement du montant qui reporte élastiquement sur le patin amortisseur arrière.

La manœuvre des deux petites surfaces se fait par taquets et câbles courant le long du fuselage.

Leur surface totale est d'environ un demi-mètre carré.

Résumé des caractéristiques :

Surface portante : 35 mq.
Envergure des ailes : totale 14 mètres.
Envergure des ailes sans ailerons : 11m,50.
Longueur antéro-postérieure.
Longueur antéro-moyenne : 3 mètres.
Longueur de l'appareil : 10m,25.
Type des moteurs : Clerget et Daimler.
Puissance des moteurs : 50 HP et 60 HP.
Alésage des moteurs : 110/120 et 120/140.
Diamètre des hélices : 2m,20 et 2m,50.
Pas des hélices : 1m,20 et 1m,30.
Vitesse des hélices : 1.600 et 1.400 tours.
Vitesse de l'appareil : 75 et 100 kilom. à l'heure.
Poid total de l'appareil : 375 kilogr.
Poids total équipé et monté : 525 et 600 kilogr.
Poids porté en vol : 12 et 20 kilogr. par m².

L'Aéroplane marin FABRE

M. Henri Fabre s'est spécialisé depuis longtemps dans les recherches d'aérodynamique, et dès 1905 il créait pour elles, à Martigues, un atelier dirigé actuellement par Burdin, l'ancien collaborateur du capitaine Ferber, et une station d'essais.

Ses études toutes personnelles sur la résistance de l'air, sur la qualité des ailes, sur la stabilité des cerfs-volants et aéroplanes ainsi que sur les coques hydroplanes, sont bien connues des aviateurs de la première heure, mais il a fallu pour les révéler au grand public, le succès de son aéroplane marin, le seul appareil qui ait pu, jusqu'ici, résoudre le problème de s'envoler de l'eau et de s'y reposer à volonté.

Cet appareil est une heureuse adaptation de trois organes créés par M. H. Fabre et dont nous devons dire tout d'abord quelques mots.

Ces organes sont :

Les poutres armées ;

Les ailes souples ;

Les flotteurs hydroplanes.

Les poutres armées Fabre sont en bois, formées de deux semelles réunies par des croisillons suivant un dispositif tout nouveau et breveté.

Leur résistance à la flexion et à la compression est des plus remarquables par rapport à leur poids total : le type normal pèse 3 kilos par mètre courant et supporte entre deux appuis distants de 3 mètres une charge de 450 kilos en son milieu avant de fléchir. Sur la même longueur, il résiste à 2.300 kilos de compression en bout (essais officiels du laboratoire des Arts et Métiers.)

Cette résistance, doublée d'une grande rigidité, permet d'employer les poutres d'un appareil aux besognes les plus diverses : ce sont des « lignes de solidité » qu'il suffit de maintenir entre elles par quelques câbles, pour pouvoir y appuyer patins, moteurs, ailes, en des points quelconques, avec la plus entière sécurité.

Les poutres Fabre se construisent en trois types correspondant aux besoins des appareils actuels.

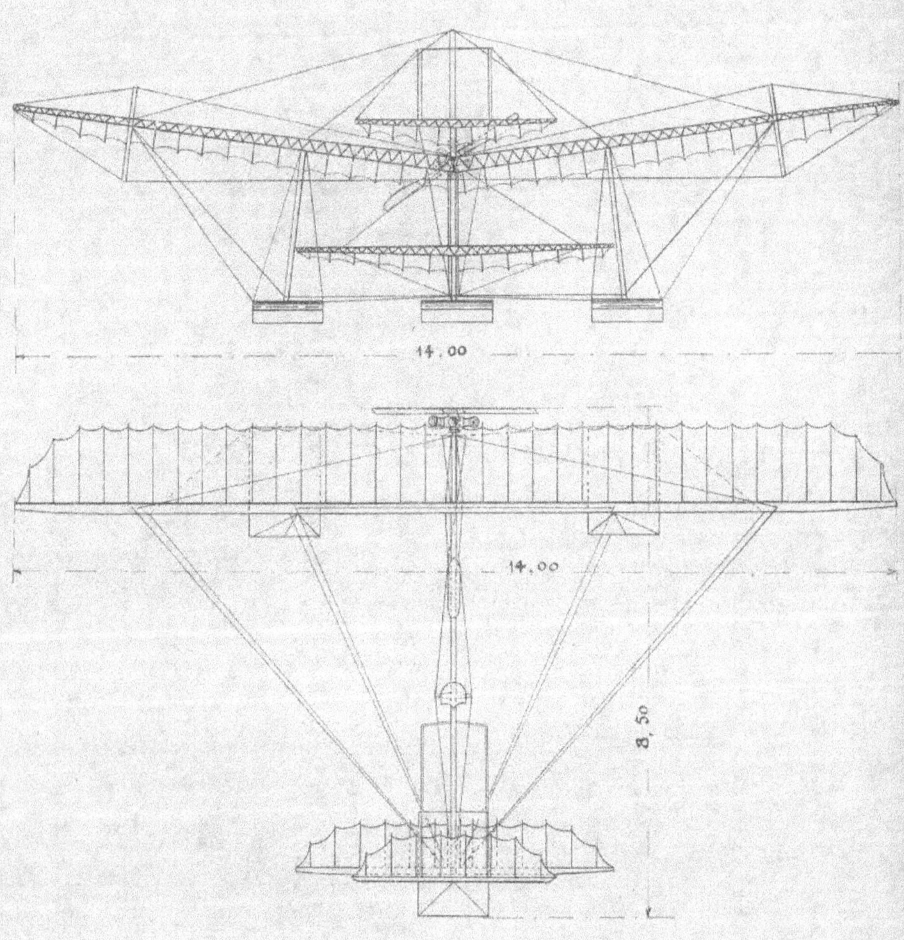
14,00
14,00
8,50

Les ailes souples Fabre sont à voilure reployable ; elles se composent de trois parties :

1) *La poutre armée.* — Placée tout à fait à l'avant de l'aile, à la place qu'occupe l'os dans l'aile de l'oiseau, elle constitue l'unique longeron qui la supporte ;

2) *Les lames souples.* — Lames de bois superposées et collées à la manière des ressorts de voiture ; elles viennent se fixer par leur gros bout dans la poutre armée au moyen de brides, et travaillent en porte à faux comme la plume de l'oiseau encastrée dans l'os ;

3) *La voilure.* — Le tissu utilisé est la simili-soie employée sur les voiles légères des yachts de course. Entièrement cousu à la main, muni d'œillets et de renforts comme les voiles de bateaux, il ne se fixe plus sur l'aile à l'aide de clous de tapissier, mais bien à la manière d'une voile de navire que l'on envergue sur ses espars.

A cet effet, la voilure est réunie à chaque latte par une gaine coulissante, et, tandis que son bord antérieur est maintenu appliqué contre la poutre armée dont elle prolonge exactement une face, son arrière vient se fixer avec la tension voulue sur chaque extrémité de latte au moyen de claps ou crochets à ressorts.

On peut donc, en ouvrant ces crochets, la détendre et la faire coulisser le long de la voilure pour la serrer contre la poutre, ou bien l'enlever complètement pour la laver ou la réparer, et la remettre rapidement en place sans démonter aucune pièce du squelette de l'aile.

Le gauchissement des ailes ou leur variation d'incidence s'obtient donc avec une extrême facilité par l'intermédiaire de la béquille qu'on y encastre généralement pour supporter l'effort du porte à faux de la voilure.

Les ailes Fabre se construisent en 3 types correspondant aux 3 types de poutre armée qu'elles utilisent :

Les flotteurs hydroplanes Fabre ont été étudiés pour satisfaire aux conditions suivantes :

1) Déplacement d'eau suffisant au repos pour porter l'appareil ;

2) Faible résistance à l'avancement dans l'air, malgré le volume nécessaire qu'ils doivent posséder ;

3) Résistance faible également dans l'eau, pour permettre d'atteindre facilement la vitesse d'envol ;

4) Formes « n'engageant pas » quand le flotteur est accidentellement immergé, c'est-à-dire ne le laissant pas s'enfoncer suivant la direction de son mouvement, en entraînant l'appareil ;

5) Voie et empattement suffisants pour assurer la stabilité latérale et longitudinale de l'appareil, sans que leur poids devienne prohibitif.

La surface hydroplane est constituée par le fond même de l'organe flotteur, mais en deux parties séparées et assez éloignées l'une de l'autre pour assurer le maximum de stabilité longitudinale et latérale, la forme en fragment d'aile d'aéroplane offrant le maximum de sustentation en même temps que le minimum de résistance à l'air.

D'autre part cette forme d'hydroplane, surface

plane en dessous, surface cylindrique au-dessus, a l'avantage d'agir comme surface hydroplane même si le flotteur se trouve complètement immergé. Aussi, peut-il disparaître à travers une vague, il n'engagera pas, mais recevra au contraire par le fait de sa vitesse, une poussée verticale de bas en haut plus énergique que jamais.

La surface portante souple est constituée par une feuille de bois contre-plaquée en trois épaisseurs, et travaille à la manière d'une peau de tambour. De la sorte l'ossature même du flotteur est préservée des chocs trop brutaux des vagues, comme la roue et l'essieu d'une voiture sont préservés par le pneumatique des chocs de la route.

Enfin, les flotteurs Fabre ont un tirant d'eau extrêmement faible : $0^m,25$ environ, tirant d'eau qui s'annule en marche, et la forme fuyante de leur dessous permet de passer sans inconvénient sur les algues, filets et autres corps flottants ainsi que de s'échouer à volonté même en vitesse et de s'en servir au besoin comme patins d'atterrissage.

Les flotteurs Fabre se construisent de deux dimensions :

L'aéroplane marin Fabre se compose essentiellement de :

Les ailes souples ou surfaces portantes ;

Le fuselage ;

Le châssis porteur ;

Le stabilisateur longitudinal ;

Le dispositif de stabilité transversale ;

Le gouvernail d'altitude ;

L'ensemble moto-propulseur ;

Le poste du pilote ;

Le gouvernail de direction.

Ailes ou surfaces portantes. — Constituées ainsi qu'il a été décrit plus haut, les ailes ont une envergure de 14 mètres et une longueur antéro-postérieure de 1ᵐ,20, soit une surface portante de 17 mq. environ.

Elles sont fixées à l'extrême arrière du fuselage et forment un V ouvert et sont maintenues dans leur position par un ensemble de béquilles et de haubans.

Fuselage ou corps fuselé. — Il est composé d'un cadre de 7 mètres de long, analogue au cadre d'une bicyclette et porte à l'arrière les ailes et le propulseur, à l'avant les gouvernails et au milieu le poste du pilote.

Châssis porteur. — Le fuselage repose sur trois flotteurs hydroplanes du modèle déjà décrit, l'un à l'avant du châssis, les deux autres à l'arrière sous chacune des ailes, l'empattement étant d'environ 6 mètres.

Stabilisateur longitudinal. — Placé à l'extrême avant, le stabilisateur longitudinal est composé d'une surface souple fixe de 4 mq environ, montée à l'avant du cadre de support.

Dispositif de stabilité transversale. — Nous avons vu que les ailes, tout en conservant une grande rigidité transversale et offrant, par la disposition en cellules tranchantes de leur bord antérieur, le minimum de résistance, avaient une grande souplesse à la torsion.

Il est donc facile d'en opérer le gauchissement nécessaire au redressement de l'appareil.

En outre, une surface verticale de dérive à l'arrière concourt en même temps à la stabilité et à la rectitude de translation.

Gouvernail d'altitude. — Il est constitué par une surface de 2 mq placée au-dessus du stabilisateur longitudinal, et dont le pilote peut, à son gré, faire varier l'incidence.

Ensemble moto-propulseur. — Le moteur est monté sur une charpente solidement assujettie au cadre ; les réservoirs sont également sur cette charpente fixée à l'extrême arrière ; le moteur Gnôme monté sur l'appareil expérimenté tournait en porte à faux dans une douille spécialement construite et solidement assemblée par un plateau à la charpente de support. Les commandes sont reliées au poste du pilote.

La puissance est de 50 chevaux à 1.100 tours.

L'hélice en bois de 2ᵐ,60 de diamètre et de 1ᵐ,80 de pas a pu imprimer à l'appareil une vitesse de 70 à 80 kilomètres.

Poste du pilote. — Placé au milieu du fuselage, il comporte un siège et les différentes commandes par levier d'équilibre, de translation, d'ascension et de propulsion.

Gouvernail de direction. — Il se compose de deux surfaces verticales placées à l'avant et se déplaçant simultanément par l'intermédiaire d'une pédale située dans le poste du pilote.

Résumé des caractéristiques:

Envergure : 14 mètres.

Surface portante : 17 mq.

Largeur des ailes : 1ᵐ,25.

Longueur de l'appareil : 8ᵐ,50.

Type du moteur : Gnôme.

Puissance du moteur : 50 chevaux.

Type de l'hélice : Chauvière.

Diamètre de l'hélice : 2ᵐ,60.

Pas de l'hélice : 1ᵐ,80.

Vitesse : 1.000 tours.

Poids total en ordre de marche : 380 kilogr.

Poids porté par mq. : 21 kilogr.

L'Aéroplane Henri FARMAN

Le nom de cet appareil est intimement lié à toutes les étapes les plus glorieuses de l'aviation actuelle. Rappelons donc brièvement l'évolution du distingué aviateur constructeur depuis ses débuts, qui sont, en somme, ceux de l'entrée dans le domaine pratique du vol artificiel, esquissé voici bientôt cinq ans, par Santos Dumont.

Aujourd'hui que les prouesses aériennes se multiplient et deviennent plus audacieuses chaque jour, on évoque en souriant le premier kilomètre bouclé par Henri Farman gagnant le prix Deutsch (Archdeacon).

Le 13 janvier 1908 marque la solution du grand problème et ce fut Henri Farman qui l'annonça au monde entier, grâce au biplan Voisin.

Peu de temps après, il gagnait le prix Armengaud par le premier vol d'un quart d'heure et enfin il effectua le premier vol de ville à ville en allant de Châlons à Reims sur un aéroplane.

Poursuivant ses études et essais, il aborda sérieusement la construction et du premier jet il mit sur pied un appareil excellent d'un type tout nouveau qui lui permit de remporter les grands succès de 1909 et 1910. Ce fut d'abord le Grand Prix de Champagne ; le Prix des Passagers (3 passagers) ; le Record du monde de durée et de distance avec et sans passagers ; le Record de la hauteur (Paulhan) ; Londres-Manchester (250.000 francs, Paulhan ; tous les Records des voyages avec et sans passagers (Châlons - Paris, Orléans - Paris, Paris-Clermont, etc..., etc..., Coupe Michelin). C'est également à Henri Farman que revient le mérite d'avoir le premier créé des appareils militaires spéciaux qui ont permis aux officiers Cammermann, Féquant, Rémy, Sido, etc., de faire ces randonnées superbes, faisant ainsi pressentir l'arme terrible que pouvait devenir l'aviation au point de vue militaire sur terre comme sur mer.

M. Henri Farman construit divers types d'appareils dont le principe est identique, mais dont la forme varie suivant les applications. Il existe de plus un modèle monoplan qui dénote chez son au-

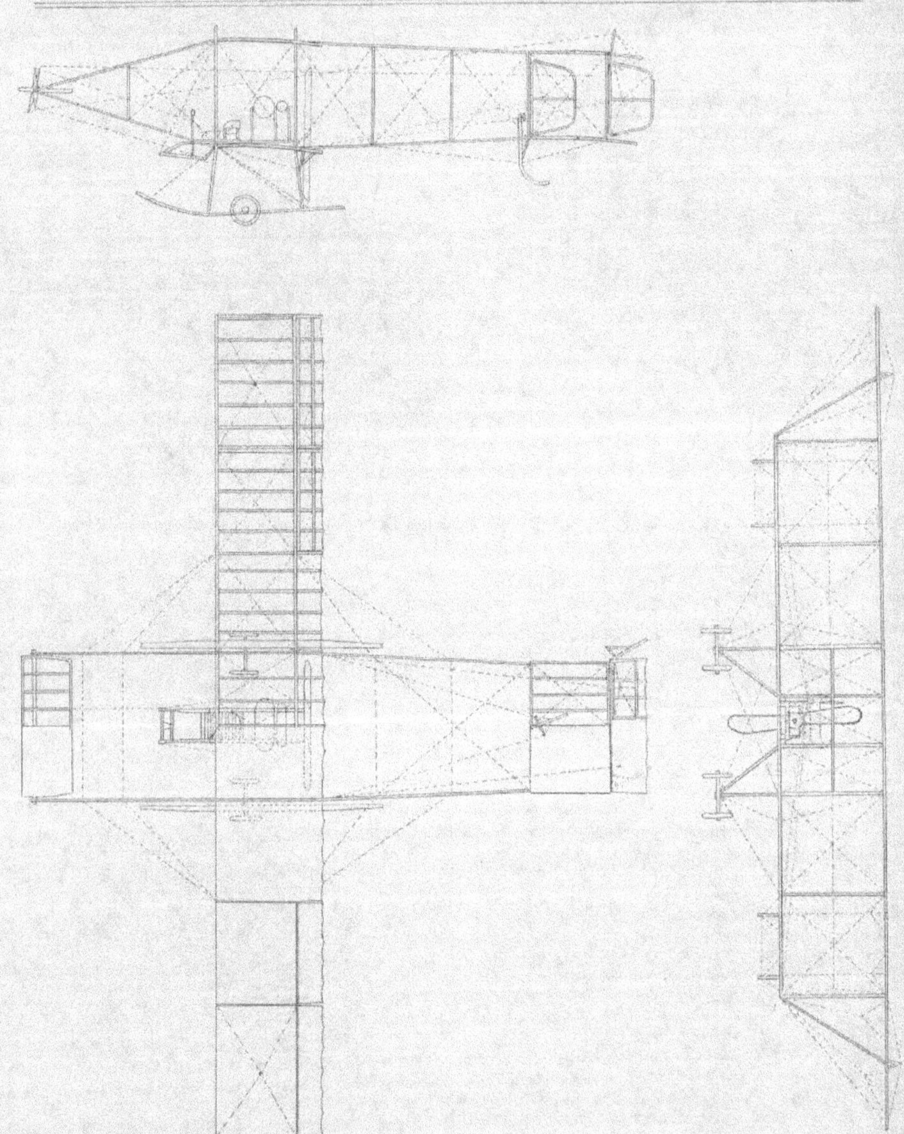

teur un sens très net de l'éclectisme nécessaire au progrès d'une industrie naissante.

Cependant, M. Farman s'est appliqué surtout à faire du biplan un appareil très perfectionné et il faut reconnaître en toute impartialité qu'il a soutenu victorieusement le principe observé par les premiers investigateurs du mouvement actuel en France.

Parmi les biplans Farman, on distingue :

L'appareil militaire et de grand tourisme, à plan supérieur allongé, par rapport aux anciennes dimensions ;

L'appareil demi-course et de tourisme avec plan intérieur raccourci, type Londres-Manchester ;

L'appareil extra-course très léger pouvant planer à des vitesses variant entre 35 et 90 kilomètres à l'heure.

Les appareils militaires peuvent porter jusqu'à 350 kilos tout en ne perdant rien ni de leur maniabilité, ni de leur vitesse, ni de leur sécurité. Ce sont des appareils à grande surface et à organes de direction très puissants (deux gouvernails de profondeur, 3 gouvernails de direction, 6 ailerons pour l'équilibre latéral).

Vu le grand poids utile transporté, un officier aviateur peut être accompagné d'un officier observateur tout en emportant de l'essence et de l'huile pour plus de 250 kilom. C'est ce type d'appareil qui a permis les grands raids militaires à deux : Châlons-Paris, Caen-Paris, Châlons-Nancy, etc... et qui a été employé par Weymann dans son raid avec passager Paris-Clermont ou soit 220 kilom. en moins de 7 heures, et dans Châlons-Paris toujours avec passager.

Les deux autres types conviennent aux sportsmen ou aux professionnels de l'aviation.

Une visite aux ateliers Farman nous a permis de voir quelle importance prenaient le choix des matériaux et le soin dans le montage.

Pour les appareils lourds et demi-lourds, le frêne un peu vert et sans nœuds est employé de préférence. Les appareils légers sont quelquefois construits en peuplier.

Les fils d'acier sont de qualités différentes suivant le genre d'efforts auxquels ils sont soumis. Tous les raccords sont en aluminium et les tendeurs en acier et en laiton.

Le châssis d'atterrissage spécial ainsi que le double équilibreur permettent d'atterrir même dans les endroits difficiles et ont été brevetés dans tous les pays. Une forme d'aile spéciale ainsi que le dispositif de l'appareil extra-léger forment également

l'objet de brevets des plus importants. Ces quatre brevets avec les ailerons résument en quelque sorte les perfectionnements trouvés par M. H. Farman, perfectionnements qui ont valu à ses appareils une si grande supériorité.

Le cadre de cet ouvrage ne nous permet pas de décrire les innombrables modifications ou adaptations réalisées par M. H. Farman en vue d'approprier ses appareils à des performances spéciales.

Nous nous bornerons donc à donner un aperçu des principaux éléments qui composent le type Coupe Michelin 1910, ce type pouvant donner une idée assez exacte des principes appliqués par le constructeur dans tous les autres modèles.

L'aéroplane Henri Farman est du type biplan et comprend :

Les ailes ou surfaces portantes ;
Le fuselage du corps de l'appareil ;
Le châssis d'atterrissage ;
L'empennage stabilisateur ;
Le dispositif de stabilité transversale ;
Le gouvernail d'altitude ;
L'ensemble moto-propulseur ;
Le poste du pilote ;
Le gouvernail de direction.

Ailes ou surfaces portantes. — Les deux plans constituant les ailes sont de même construction, longerons et nervures assemblés et entretoisés par bois et aluminium, mais leur forme est sensiblement différente.

Le plan supérieur est allongé transversalement par deux panneaux latéraux assemblés à charnières et solidement soutenus en dessous par des tubes d'acier disposés obliquement et se raccordant aux longerons du plan inférieur.

Ces deux panneaux, appelés par le constructeur *plans rabattants*, mesurent 2m,50 d'envergure chacun et 4 mètres carrés de surface.

Lorsque ces deux panneaux sont déployés, l'envergure du plan supérieur est de 16 mètres; si l'on démonte les tubes qui les soutiennent, les panneaux tombent d'eux-mêmes suivant la verticale, en pivotant sur leurs charnières et l'encombrement de l'aéroplane est réduit à 11 mètres.

Cette disposition a pour but de ramener l'appareil aux dimensions courantes des biplans, et d'en permettre le garage dans les hangars ordinaires d'aéroplanes.

Le plan supérieur est horizontal et son bord antérieur n'a pas d'incidence de construction.

Le plan porteur inférieur n'a que 11 mètres d'envergure et présente une légère incurvation, les bords extrêmes étant relevés.

La longueur antéro-postérieure des surfaces est d'environ 2 mètres, ce qui donne par l'ensemble, lorsque les panneaux dits plans rabattants sont déployés, une surface portante de 54 mètres carrés.

Les deux plans sont entretoisés par 8 séries de tubes d'acier de 2 mètres de hauteur environ.

Fuselage ou corps de l'appareil. — Le corps de l'appareil est composé d'une charpente extrêmement légère et solide, assujettie sur le châssis d'atterrissage, et servant de poutre de réunion entre les ailes et la cellule arrière. Il mesure 9 mètres de l'avant des ailes à l'avant de la cellule arrière, la longueur totale de l'aéroplane étant de 13 mètres.

Châssis d'atterrissage. — Le châssis d'atterrissage comporte un bâti ou charpente en tétraèdre dont le sommet vient s'ajuster aux longerons du plan inférieur et former support pour l'ensemble moto-propulseur et le poste du pilote.

Deux des faces du tétraèdre formées par des tubes d'acier reposent sur des patins reliés chacun élastiquement à une paire de roues, la suspension par caoutchouc présentant le très heureux dispositif que l'on peut voir sur notre photographie.

Les patins de certains appareils ont leur extrême avant assujetti à deux petites roues de dimensions très inférieures à celles des roues porteuses et destinées d'une part à faciliter le roulement lorsque l'appareil s'allège et d'autre part à augmenter l'élasticité des patins lorsque l'appareil reprend contact avec le sol.

Empennage ou queue stabilisatrice. — L'empennage stabilisateur est composé de deux plans fixes entretoisés, distants de 1m,25 environ dans le sens vertical et fixés à l'arrière de la charpente de réunion, à 6 mètres des plans principaux.

Dispositif de stabilité transversale. — L'équilibre transversal est assuré par des ailerons fixés par charnières à l'arrière des plans rabattants, mais pivotant suivant un axe perpendiculaire à l'axe de pivotement desdits plans.

Ces ailerons au nombre de deux, un à chaque extrémité de la surface portante supérieure, ont une incidence variable simultanément et inversement.

Leur envergure est de 2m,50, leur longueur antéro-postérieure de 0m,75; leur action consiste en la création d'un couple de redressement lorsque le pilote les manœuvre opportunément dans un virage ou contre le vent.

Gouvernail d'altitude. — Le gouvernail d'altitude est constitué par une surface placée en avant et à 4 mètres des ailes, à l'extrémité d'une légère perche en fuseau. Sa surface est de 3 mètres carrés.

L'action de ce gouvernail est complétée et régularisée par un aileron monté à pivot le long du bord postérieur du plan supérieur de l'empennage.

La manœuvre simultanée de ces deux plans les actionne inversement.

Ensemble moto-propulseur. — Les appareils Farman ont volé avec des moteurs très variés : les plus employés ont été le Gnôme, le Renault, l'E.N.V.

C'est avec le Gnôme 50 chevaux que les vols les plus marquants ont été accomplis.

La vitesse moyenne du moteur est de 1.200 tours.

L'hélice, en prise directe sur le moteur, est en général du type « Intégrale », diamètre de 2ᵐ,60, pas de 2ᵐ,40, vitesse de l'appareil, 65 à 70 kilomètres.

Le moteur est fixé à l'aplomb du cadre du châssis d'atterrissage et en arrière de la surface portante inférieure.

Les réservoirs sont en avant du moteur.

Poste du pilote. — Le poste du pilote comprend le ou les sièges, les volants et leviers de commande qui sont :

Un levier actionnant le gouvernail d'altitude et les ailerons d'équilibre latéral, suivant qu'on le déplace longitudinalement ou transversalement.

Un palonnier de commande du gouvernail de direction fonctionnant au pied.

Les divers leviers de commande du moteur.

Pour assurer la protection de l'aviateur contre le froid, M. H. Farman a muni l'avant du poste d'un capot en pointe de course, complètement entoilé et remontant jusqu'au cou du pilote. La position des leviers de commande peut être modifiée pour faciliter la manœuvre en cas de vol de longue durée.

Gouvernail de direction. — Le gouvernail de direction est constitué par deux panneaux verticaux entoilés, placés à 2 mètres l'un de l'autre derrière l'empennage et rendus solidaires.

Ils pivotent autour des montants entretoisant les surfaces de l'empennage.

Résumé des caractéristiques :

Envergure : 16ᵐ/11ᵐ.
Longueur antéro-postérieure des surfaces : 2 mètres.
Surface portante : 54 mètres carrés.
Longueur de l'appareil : 13 mètres.
Type du moteur : Gnôme.
Puissance du moteur : 50 chevaux.
Type de l'hélice : Intégrale.
Diamètre : 2ᵐ,60.
Pas : 2ᵐ,40.
Vitesse : 1.200 tours.
Vitesse de l'appareil : 65/70 kilomètres.
Poids total en ordre de marche : 500 kilos.
Surcharge possible : 310 kilos.
Poids porté par mètre carré : 15 kilos.

MAURICE FARMAN

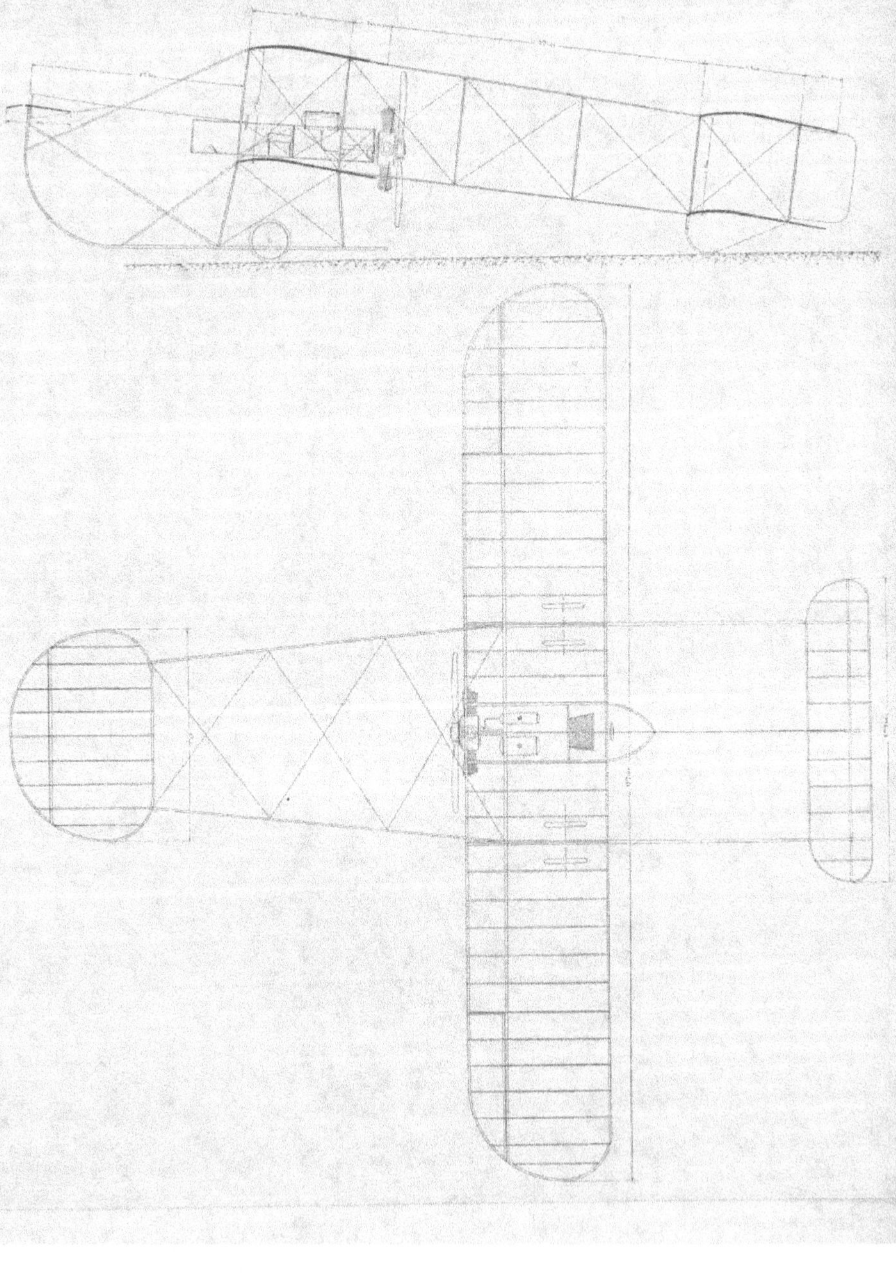

L'Aéroplane Maurice FARMAN

L'aéroplane Maurice Farman 1910 avec lequel l'inventeur effectue journellement, soit seul, soit avec des passagers, des vols à travers la campagne, et grâce auquel l'aviateur Tabuteau a battu les records de durée et de distance par 465 kilom. 702 mètres en 6 h. 1 m. 35 s., se classant pour la coupe Michelin 1910, est un biplan qui diffère du type 1909 par d'ingénieuses modifications.

Le constructeur a notamment substitué les ailerons déjà employés par son frère au gauchissement qu'il avait adopté pour ses premiers appareils.

La queue stabilisatrice ne comporte plus de plans verticaux, le gouvernail de direction servant en même temps de plan de dérive.

Le gouvernail d'altitude a été modifié dans sa forme et dans sa commande.

Enfin, les plans porteurs ont subi des changements dans leur assemblage, les angles ont été arrondis, la courbure accentuée et les plans de dérive supprimés.

Il est résulté de l'adaptation au biplan Maurice Farman, d'un grand nombre de dispositifs nouveaux à la place des anciens, une diminution notable du poids qui, avec un moteur Gnôme, ne dépasse pas actuellement 400 kilos en ordre de marche.

L'appareil est du type biplan et comporte essentiellement :

Les plans porteurs ou ailes ;
Le corps fuselé ;
Le train amortisseur ;
La cellule stabilisatrice ;
Le dispositif de stabilité transversale ;
Le gouvernail d'altitude ;
L'ensemble moto-propulseur ;
Le poste du pilote ;
Le gouvernail de direction.

Plans porteurs ou ailes. — Les plans porteurs ou ailes ont une envergure de 11 mètres, 2 mètres de largeur, soit 50 mètres carrés de surface sustentatrice environ.

Ces surfaces sont constituées par deux panneaux d'égale étendue et de même forme rectangulaire à coins arrondis et légèrement concaves inférieurement. L'angle qu'ils forment avec l'horizon est d'environ 5°. La distance entre les plans est de 1^m,5o. Le montage et la garniture des surfaces sont effectués suivant les modes courants par traverses, haubans, croisillons à tensions réglables.

Fuselage ou corps fuselé. — Le corps fuselé de section quadrangulaire, terminé en proue à l'avant, et en section droite à l'arrière à 0^m,8o de côté, 3 mètres de longueur. Il est construit en charpente de bois avec croisillon et tendu sur toute sa surface en tissu vernissé.

C'est dans le fuselage que sont installés le moteur, les organes de commande et le poste du pilote.

La réunion de la queue stabilisatrice avec la cellule principale a lieu au moyen de poutres entretoisées et triangulées par fils d'acier. Ces poutres ont une longueur de 6 mètres.

Train amortisseur. — Le train amortisseur ou châssis se compose de deux paires de roues fixées chacune au bout d'un essieu, et reliées aux patins

par une liaison souple. Ces patins se prolongent à l'arrière, de façon à freiner au moment de l'atterrissage, et à l'avant, viennent soutenir le stabilisateur. En cas de mauvais atterrissage, ou sur terrain très inégal, tout danger de capotage est évité par la présence de ces patins.

De même, le départ est facilité dans de grandes proportions par le fait qu'il y a quatre roues venant en contact avec le sol, et disposées de telle façon que les secousses produites par les inégalités du terrain ne sont transmises que dans des proportions très réduites à l'appareil.

Cellule stabilisatrice. — La cellule de stabilisation longitudinale comporte deux plans à coins arrondis de 2^m,9^4 d'envergure et 2 mètres de longueur.

Sa structure est d'ailleurs la même que celle des plans principaux, ce qui lui permet d'être non seulement un organe d'équilibre, mais encore de contribuer à la sustentation.

La cellule stabilisatrice supporte deux patins en forme de skis destinés à maintenir l'appareil en place sur le sol avec les roues avant.

Elle renferme les plans constituant le gouvernail de direction.

Stabilisation transversale. — Cette stabilisation est obtenue au moyen de deux ailerons occupant les coins externes postérieurs du plan porteur inférieur. Ces ailerons sont mobiles autour d'une charnière horizontale et pendent par leur propre poids lorsque l'appareil est mobile ; ils sont maintenus de façon à ne pouvoir, lorsque l'appareil est en mouvement, être relevés plus haut que le prolongement du plan auquel ils sont fixés.

Ces ailerons sont commandés simultanément et en sens inverse par un volant spécial qui actionne également le gouvernail de profondeur.

Gouvernail d'altitude ou de profondeur. — Ce gouvernail est monoplan. Il est constitué par un seul panneau rectangulaire à coins arrondis de 5^m,16 d'envergure et 0^m,9o de longueur antéro-postérieure. Ce panneau pivote autour d'un axe horizontal situé à 3o centimètres du rebord intérieur et à environ 2 mètres des plans principaux. Il est à remarquer que les longerons et poutres d'assemblage s'infléchissent et viennent former à l'avant des plans porteurs une charpente de suspension du gouvernail d'altitude.

Ensemble moto-propulseur. — Le biplan Maurice Farman a été équipé avec différents systèmes de moteurs parmi lesquels nous citerons les moteurs Esnault-Pelterie, Gnôme, Panhard, Chenu.

La puissance moyenne de ces moteurs est de 5o chevaux.

Le moteur Renault plus généralement employé est un 8 cylindres en S avec refroidissement à ailettes, pesant 170 kilogrammes et donnant 60 chevaux à l'essai de puissance.

L'hélice employée est à lattes de bois superposées de 2m,75 à 3 mètres de diamètre, à deux branches; elle est montée sur un arbre démultiplié spécial servant en même temps d'arbre à cames et tournant à une vitesse de 8 à 900 tours par minute.

Le pas de l'hélice est ordinairement de 1m,60.

Poste du pilote. — Le poste du pilote est placé dans le fuselage et comporte en général deux sièges disposés en tandem, un pour le pilote, un pour le passager; derrière se trouvent le moteur et l'hélice.

Le pilote placé sur le siège avant, a près de lui les commandes comprenant :

Un volant dont la manœuvre d'avant en arrière actionne le gouvernail d'altitude, et dont la rotation commande les ailerons stabilisateurs.

Lorsque l'appareil penche à droite, il suffit pour le redresser de tourner le volant à gauche et inversement, lorsqu'il penche à gauche, de tourner le volant à droite.

Les différents déplacements de ce volant se font sur frottements à billes.

Deux pédales qui commandent les plans conjugués du gouvernail de direction.

Pour tourner à droite, il suffit d'appuyer sur le pied droit et pour tourner à gauche, d'appuyer sur le pied gauche.

La transmission a lieu par galets câbles et taquets.

Gouvernail de direction. — Le gouvernail de direction est constitué par deux panneaux entoilés pouvant pivoter simultanément autour d'un des montants verticaux renforcés de la cellule arrière.

Ce gouvernail biplan remplace actuellement le gouvernail monoplan qui existait sur le type 1909. La commande de ce gouvernail se fait par l'intermédiaire des câbles aboutissant à des pédales.

Résumé des caractéristiques :

Surfaces portantes : 50 mq. environ.

Envergure : 11 mètres.

Longueur antéro-postérieure des surfaces : 2 m.

Longueur de l'appareil : 11 mètres.

Type du moteur : Renault.

Puissance du moteur : 50/60 HP à 1.600 tours.

Vitesse de l'hélice : 8 à 900 tours.

Diamètre de l'hélice : 2m,75 à 3 mètres.

Pas de l'hélice : 1m,60.

Vitesse d'avancement : 80 kilom. à l'heure.

Poids en ordre de marche : 450 kilos (moteur Renault).

Poids porté par mètre carré : 9 kilos.

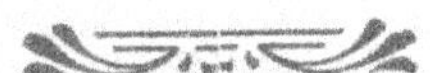

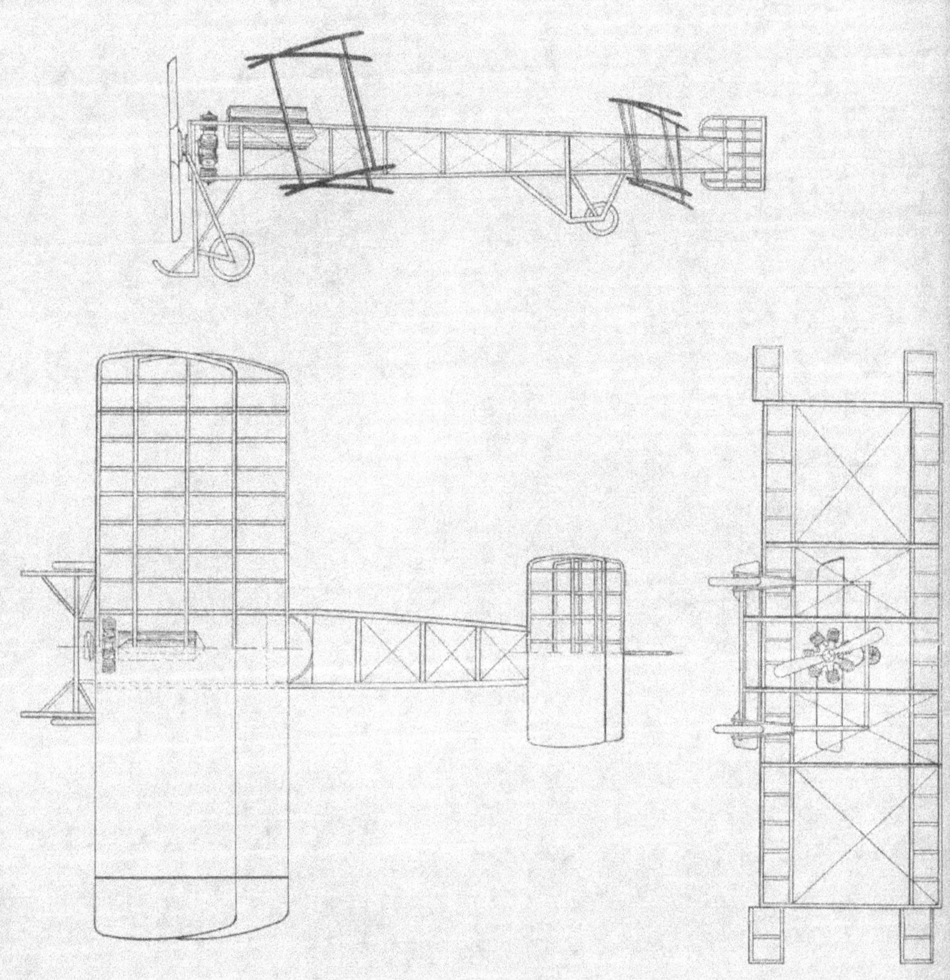

L'Aéroplane GOUPY

M. Goupy construisit naguère un aéroplane triplan qui fit quelques envolées déjà remarquables pour l'époque, car c'était au début de 1909.

Il ne tarda pas à reconnaître, à l'époque où Henri Farman lui-même dut l'avouer, que l'adjonction d'un troisième plan, loin d'apporter au planeur un perfectionnement, augmentait tout simplement et la résistance à l'avancement et la difficulté de maintien de l'équilibre.

Depuis, M. Goupy s'est adonné à l'étude et à la construction du biplan. Hâtons-nous de dire que l'ingénieux inventeur a su marquer sa fabrication d'un cachet très personnel, et réalisé fort adroitement des idées originales.

C'est ainsi que nous devons noter la disposition des plans porteurs, dont l'un, le plan supérieur est déporté à l'avant, ce qui a pour conséquence une attaque des masses d'air fort propice à un allègement rapide et tout à fait favorable à la stabilité longitudinale.

D'autre part, M. Goupy n'a pas hésité à munir son appareil d'un empennage stabilisateur analogue à celui des monoplans, et cette particularité cadre bien avec la disposition des surfaces portantes qui assimilirait plutôt son biplan à une sorte de monoplan double en tandem.

Remarquons, d'autre part, que cette disposition en tandem a pour conséquence immédiate une augmentation notable de la force portante qui est, nous le verrons plus loin, supérieure à celle des autres appareils par unité de surface.

Enfin, M. Goupy s'en est tenu aux ailerons pour la stabilisation transversale et il en a réalisé la commande de très heureuse façon.

Cet appareil, piloté par Ladougne, a tenu l'air au-dessus de la baie de la Seine avec un vent de 14 mètres à la seconde et, après avoir brillamment figuré au meeting de Doncaster, s'est approprié le record de vitesse avec passager, par 10 kilomètres en 8 minutes 14 secondes.

L'aéroplane Goupy est du type biplan et comprend :

Les ailes ou surfaces portantes ;

Le fuselage du corps fuselé ;

Le châssis amortisseur ;
L'empennage stabilisateur ;
Le gouvernail d'altitude ;
Le dispositif de stabilité transversale ;
L'ensemble moto-propulseur ;
Le poste du pilote ;
Le gouvernail de direction.

Ailes de surfaces portantes. — Les ailes de surfaces portantes sont constituées chacune par un assemblage de longerons et de nervures sur lequel on a tendu du tissu caoutchouté ; leur envergure est de 6 mètres et leur longueur antéro-postérieure de 1^m,80.

Aux deux extrémités sont ménagées des surfaces de même longueur que les ailes, mais de 0^m,60 de largeur, et dont l'incidence peut être modifiée par déformation hélicoïde. Ces deux surfaces constituent les ailerons stabilisateurs.

La surface portante totale est de 22 mètres carrés.

Le plan supérieur est placé à 1^m,80 au-dessus du plan inférieur auquel il est réuni par des montants en bois inclinés vers l'avant de façon telle, que le bord postérieur du plan supérieur se trouve à l'aplomb de l'axe transversal du plan inférieur.

Le bord antérieur de la cellule est de cette façon à environ 2^m,50 du bord postérieur et cette disposition paraît avoir donné d'excellents résultats au double point de vue de la pénétration et de l'équilibre longitudinal.

Fuselage ou corps fuselé. — Le fuselage ou corps fuselé est composé d'une poche armée de section carrée, composée de traverses en bois et de tendeurs souples. La poche est tendue sur le tiers de la longueur, c'est-à-dire à l'aplomb des surfaces portantes.

Sa longueur est de 6^m,50 et sa section d'environ 1/2 mètre.

Elle est assemblée à l'avant au châssis porteur et porte à l'arrière l'empennage et les gouvernails.

Châssis amortisseur. — Le châssis porteur est mixte, c'est-à-dire qu'il comporte en même temps des roues et des patins montés sur les mêmes supports.

Les patins sont montés eux-mêmes sur ressorts amortisseurs, tandis que la suspension des roues portantes est effectuée à l'aide d'un amortisseur à caoutchouc.

Le châssis lui-même est composé d'un cadre métallique avec montants en tubes d'acier assujettis sur un brancard fixé sur l'essieu porteur. Ce cadre supporte à la fois le fuselage, l'ensemble moto-propulseur et sert de point d'appui à la carcasse du plan porteur inférieur.

En outre de l'essieu avant, il y a, aux deux tiers de la longueur du fuselage, une troisième roue montée à l'extrémité de tubes d'acier formant support et qui a pour but d'alléger la queue de l'appareil et d'éviter le contact avec le sol de la cellule arrière et des gouvernails.

Empennage stabilisateur. — L'empennage stabilisateur comporte :

1° Une cellule arrière dont la structure et la disposition sont identiques à celles de la cellule avant ; c'est-à-dire des plans porteurs ;

2° Deux paires d'ailerons dont la manœuvre est conjuguée de celle des ailerons principaux.

La cellule arrière est composée de deux plans de 2^m $\times$ 0^m,80, dont l'écartement vertical est de 0^m,90.

Aux extrémités de ces plans sont établis des ailerons de même forme que ceux précédemment décrits et qui sont commandés simultanément.

La cellule arrière comporte en même temps deux plans verticaux de dérive.

Gouvernail d'altitude. — Pour assurer la montée et la descente, M. Goupy se sert des quatre ailerons avant et des quatre ailerons de la cellule arrière auxquels il imprime les variations d'incidence appropriées.

Cet ensemble permet d'assurer en même temps un déplacement rapide d'altitude en même temps qu'une parfaite stabilité longitudinale. L'extrême sensibilité d'ascension ou de descente de l'appareil Goupy, due à la disposition de ses ailes, est à noter.

Dispositif de stabilité transversale. — Pour assurer la stabilité transversale de son aéroplane, M. Goupy a recours aux plans de dérive de la cellule arrière, à un empennage dorsal situé sur le fuselage à l'arrière et enfin aux quatre ailerons déformables dont il a muni les plans principaux de son appareil et qu'une commande appropriée permet de faire agir dans les virages ou contre les courants latéraux.

En raison de sa très faible envergure le biplan Goupy résiste facilement au chavirement et le couple de redressement relativement faible créé par ses ailerons déformables suffit à maintenir son équilibre.

Ensemble moto-propulseur. — A l'extrême avant du fuselage et à l'aplomb de la suspension de l'ensemble, sur le châssis amortisseur est placé le moteur. C'est un Gnôme 50 chevaux que jusqu'à présent a employé M. Goupy, la forme du moteur rotatif se prêtant mieux que tout autre au montage sur l'avant de l'appareil.

Le moteur commande directement une hélice en bois à 2 pales, de 2ᵐ,70 de diamètre, 1ᵐ,25 de pas et qui, tournant entre 1.000 et 1.100 tours peut imprimer à l'appareil une vitesse de 85 km. à l'heure, en raison de sa faible résistance à l'avancement.

Poste du pilote. — Le poste du pilote se trouve placé immédiatement derrière les plans porteurs et dans le fuselage.

Il comporta un siège ou deux sièges en tandem suivant les cas et renferme toutes les commandes.

Un volant à trois déplacements permet au pilote d'actionner les ailerons avant et arrière simultanément pour élever ou abaisser l'appareil, d'actionner les ailerons avant pour assurer la stabilité transversale, et enfin de commander le gouvernail de direction placé à l'arrière.

Les différentes manettes assurant l'admission, l'avance, le graissage du moteur sont également à portée du pilote.

Tous les câbles de transmission des mouvements ont été doublés afin d'éviter les fausses manœuvres en cas de rupture de l'un d'eux.

Gouvernail de direction. — Composé d'un plan vertical se mouvant à l'extrême arrière du fuselage, le gouvernail de direction est complètement dégagé de la cellule arrière. La surface est de 1 mq.

Résumé des caractéristiques.

Envergure : 6 mètres.
Longueur antéro-postérieure des ailes : 1ᵐ,80.
Surface portante : 22 mq.
Longueur de l'appareil : 7 mètres.
Type du moteur : Gnôme.
Puissance : 50 chevaux.
Diamètre de l'hélice : 2ᵐ,70.
Pas de l'hélice : 1ᵐ,25.
Vitesse : 1.000 à 1.200 tours.
Vitesse de l'appareil : 85 kilom. à l'heure.
Poids en ordre de marche : 250 kilogr.
Poids porté par mq à vide : 11ᵏ,300.
Poids porté par mq monté : 18 kilos.

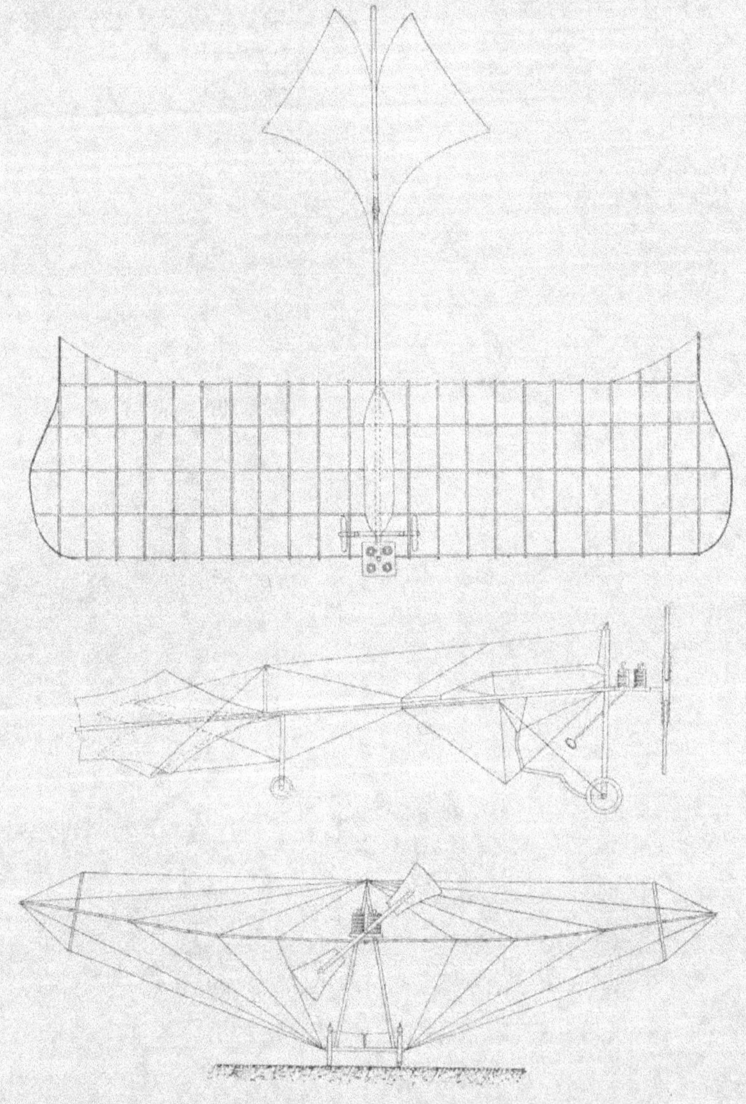

L'Aéroplane GRADE

On sait que nos voisins d'Outre-Rhin, piqués au jeu par le succès des aviateurs français auquel le monde entier doit l'initiative aux merveilles du vol mécanique, ont fait depuis quelque temps de multiples tentatives, souvent infructueuses, dans le but de combler leur retard. Il ne semble pas que la chance ait favorisé leurs efforts cependant louables, mais nous devons une place spéciale à l'appareil de l'ingénieur Hans Grade, que de tenaces et patientes études théoriques et expérimentales ont conduit à un succès mérité.

Hans Grade a construit le premier aéroplane allemand qui ait accompli de grands vols, notamment celui qui lui a valu le prix Hanz.

Avant cet appareil définitivement classé, Hans Grade s'était familiarisé avec l'aviation en construisant un triplan, qui, s'il n'accomplit que des vols très courts et accidentés, permit à son pilote inventeur de recueillir de précieux enseignements.

C'est ainsi que Grade évolua du genre triplan au simple monoplan qu'il construisit d'ailleurs avec une habileté et une méthode fort remarquables.

Hans Grade fut aidé dans ses travaux par le distingué ingénieur Peter, qui fut aussi son mécanicien fidèle lors de ses vols principaux, un de 56 minutes et un autre à 150 mètres de hauteur.

L'aéroplane Grade est du type monoplan et comprend :

Les ailes ou surfaces portantes ;
Le fuselage ou corps fuselé ;
Le châssis d'atterrissage ;
L'empennage stabilisateur ;
Le dispositif de stabilité transversale ;
Le gouvernail d'altitude ;

L'ensemble moto propulseur ;
Le poste du pilote ;
Le gouvernail de direction.

Ailes ou surfaces portantes. — Les ailes sont accouplées, sauf dans leur partie postérieure, le bord arrière étant indépendant pour chacune d'elles.

Elles sont formées par de légères nervures de bambou qui vont s'amincissant vers l'arrière jusqu'à devenir très flexibles à leurs extrémités. Ces nervures sont maintenues par des traverses également en bambous.

L'envergure des ailes est de 10m,20 et leur longueur antéro-postérieure de 2m,50, leur surface portante est d'environ 25 mq.

Elles sont maintenues par un double haubannage fixé d'une part aux traverses d'essieux du châssis porteur, et vers le haut à l'extrémité d'un double montant qui part du cadre inférieur du châssis pour se terminer 2m,25 au-dessus du sol.

La surface des ailes présente la forme arrondie sur chaque côté, les extrémités postérieures se terminant en pointes ; cette disposition doit, d'après l'inventeur, réduire les remous au minimum en facilitant l'écoulement de la masse d'air.

Fuselage ou corps fuselé. — Le fuselage, que Haus Grade appelle la quille, est formé par une simple tige de bambou de 8 mètres de long sur laquelle sont fixés les plans de dérive, les gouvernails, le haubannage arrière et la roue porteuse arrière.

L'empennage est également fixé à l'extrême arrière de ce bambou qui vient se placer à l'avant dans la partie médiane des plans porteurs.

Châssis d'atterrissage. — Le châssis d'atterrissage comporte un essieu porteur renforcé et rendu absolument indéformable par une armature en tube d'acier. Du cadre ainsi formé s'élève une charpente légère équilibrée pour permettre le placement du moteur et de l'hélice en porte à faux sur l'avant.

L'aviateur est ainsi placé très bas sous les ailes avec le moteur devant lui et au-dessus.

Il convient de rappeler que l'ensemble de ces dispositions rappelle beaucoup la *Demoiselle* de Santos-Dumont, tant par l'emploi d'organes et de matières similaires, que par l'application de principes correspondants.

Empennage stabilisateur. — L'inventeur emploie la dénomination d'ailes arrière, et ce sont en effet de véritables ailes, qui constituent l'empennage stabilisateur. Elles affectent la forme d'un double losange irrégulier à deux côtés incurvés, et partagé en deux par l'axe transversal.

La surface de cet empennage, situé à 4m,50 seulement des plans principaux est de 3m² 1/2 ce qui lui permet de contribuer efficacement à la sustentation.

Dispositif de stabilité transversale. — Le dispositif de stabilité transversale de l'aéroplane Grade réside dans la faculté de déformation du bord postérieur des deux ailes qui sont, nous l'avons dit, indépendantes l'une de l'autre dans leur partie arrière.

Cet emprunt fait au système Wright ne crée cependant pas une similitude, car la déformation n'a lieu que pour une faible partie des surfaces portantes, dont la partie postérieure effilée ne saurait être considérée comme concourant à la sustentation.

Les bords postérieurs des extrémités des ailes sont reliés au poste de commande par des câbles d'acier doublés.

En dehors du gauchissement des ailes, l'appareil Grade est muni de plans de dérive placés au-dessus des surfaces portantes et derrière le siège du pilote. La surface totale de ces plans de dérive fixés en dessus et en dessous de la tige de bambou est d'environ 3 mq.

Gouvernail d'altitude. — Le gouvernail d'altitude est constitué par deux triangles échancrés et formant croix avec le gouvernail de direction. La surface de ces triangles est de 1m²,5 et leur commande se fait par câbles avec un renvoi de mouvement placé juste à l'aplomb d'un tube vertical qui supporte une petite roue à l'arrière du fuselage.

Ensemble moto-propulseur. — Le moteur est un moteur à deux temps et à 4 cylindres placé à l'avant et sur l'axe de la poutre sur laquelle il est maintenu par un petit cadre en tubes d'acier.

L'alésage du moteur est de 85 mm., la course de 120 mm. Sa puissance maximum est de 24 chevaux et son poids avec la charge d'essence et d'huile, la tuyauterie et la magnéto est de 50 kilogr.

Le refroidissement a lieu par l'air.

L'hélice, construite en acier avec pales d'aluminium rapportées, a un diamètre de 2m,40 et un pas de 1m,80, elle est directement calée sur l'arbre du moteur et tourne à 1.200 tours en vol normal, en absorbant une puissance de 16 chevaux seulement pour une vitesse d'avancement de 60 kilomètres.

On trouvera dans une autre partie du volume la description du moteur à deux temps.

Poste du pilote. — Le poste du pilote comprend un siège placé très bas sous les ailes et suspendu d'une part à l'essieu porteur d'avant et d'autre part au bambou qui constitue le fuselage.

La commande de mise en marche se fait par un levier que le pilote a au dessus de lui.

D'autre part, il peut, par la manœuvre d'un volant à double mouvement, commander le gouvernail d'altitude et le gauchissement, un troisième levier commandant le gouvernail de direction.

Les organes de transmission passent au-dessus du bambou axial au moyen de petits mâts d'acier, et les câbles de soutien et de commandes des ailes reposent sur les tubes fixés à la barre transversale d'essieu, qui se prolonge au-dessus des ailes.

L'arrêt rapide de l'appareil après l'atterrissage est obtenu par le freinage sur les roues avant du châssis, le frein étant commandé par une pédale. Ce freinage est assez efficace, en raison du poids très réduit de l'appareil Grade.

Gouvernail de direction. — Le gouvernail de direction se présente sous la forme de deux trapèzes juxtaposés avec un intervalle permettant le déplacement du gouvernail d'altitude.

La surface du plan vertical ainsi formé est de 2 mq,50 et sa manœuvre a lieu par câbles d'acier courant le long du bambou porteur.

L'appareil Grade s'allège très rapidement et dévolle à la vitesse de 12 mètres à la seconde.

Résumé des caractéristiques.

Envergure : 10 m,20.

Longueur antéro-postérieure des ailes : 2 m,50.

Surface portante : ailes 25 mq.

Empennage : 4 mq.

Soit au total 29 mq. environ.

Longueur de l'appareil : 8 m,50.

Type du moteur : 2 temps 4 cylindres.

Puissance de régime : 16/20 chevaux.

Type de l'hélice : métallique.

Diamètre de l'hélice : 2 m,40.

Pas de l'hélice : 1 m,80.

Vitesse de régime : 1.200 tours.

Poids de l'appareil monté et équipé : 235 kilogr.

Poids porté par mq. : 8 kilogr.

HANRIOT

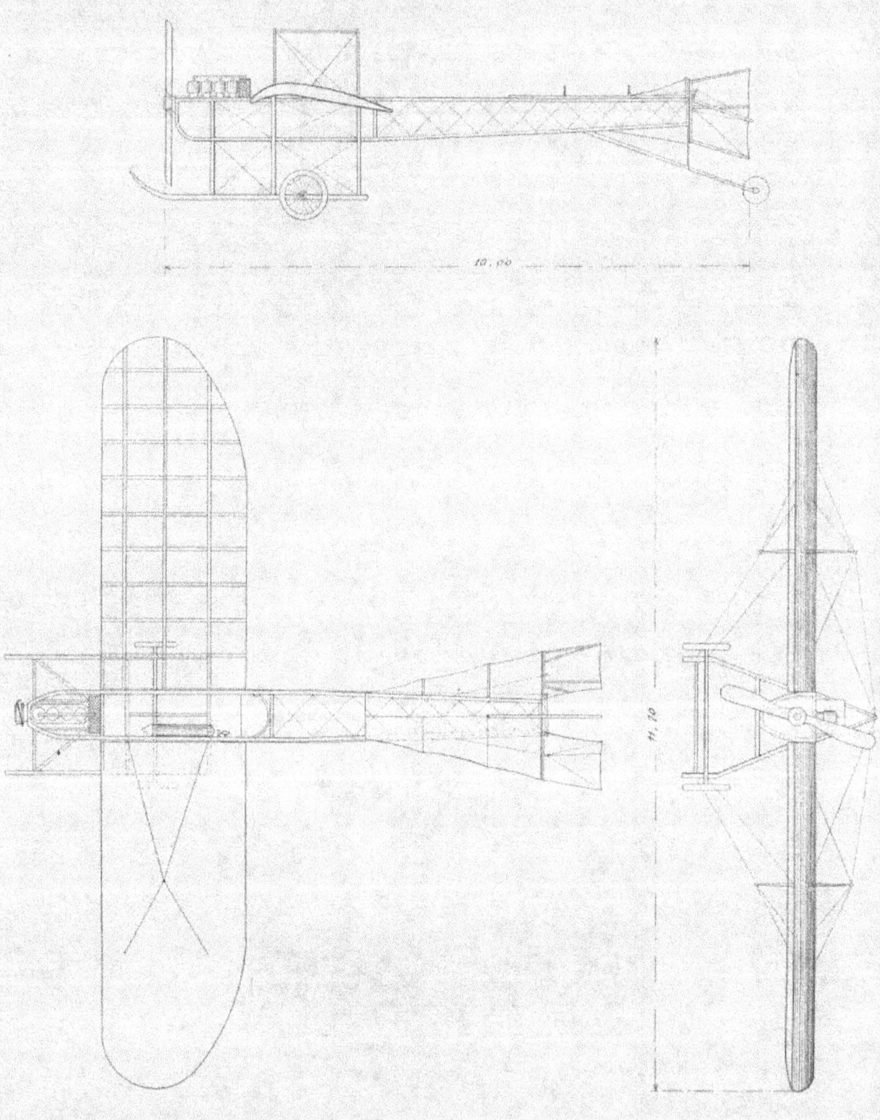

L'Aéroplane HANRIOT

Le monoplan Hanriot a pris une part active à la semaine de Reims, aux meetings de Budapest et du Havre et tout dernièrement a accompli des vols remarquables aux environs de Reims, où se trouve d'ailleurs l'usine de construction de M. L. Hanriot.

Cet appareil a été piloté par le plus jeune des aviateurs français, car M. Marcel Hanriot, qui ne compte plus ses succès, n'a pas encore atteint l'âge de 18 ans.

La structure générale de l'appareil Hanriot rappelle assez celle de l'appareil Blériot, notamment par la forme des ailes.

Il existe deux modèles d'aéroplanes Hanriot suivant que leur utilisation a pour but le transport ou la vitesse.

Le type de course présente des formes plus effilées, mais la forme générale est la même dans les deux modèles.

Nous donnerons la description du modèle qui a volé pendant la grande semaine de Reims et qui a été construit pour enlever deux personnes.

L'aéroplane Hanriot est du type monoplan et comporte :

Les ailes ou surfaces portantes ;

Le fuselage ;

Le train amortisseur ;

L'empennage stabilisateur ;

Le dispositif de stabilité transversale ;

Le gouvernail d'altitude ;

Le poste du pilote ;

L'ensemble moto-propulseur ;

Le gouvernail de direction.

Ailes ou surfaces portantes. — Elles ont, d'avant en arrière, le profil d'un arc parabolique dont la flèche est sensiblement égale au 1/12e de la longueur antéro-postérieure moyenne.

Le bord avant est arrondi, conformément au principe d'utilisation maximum des réactions des filets d'air, ce qui augmente la sustentation et facilite en même temps la pénétration.

Les ailes comportent chacune trois longerons latéraux et des membrures longitudinales. Un haubannage intérieur en fil d'acier assure leur rigidité ; elles sont garnies de tissu caoutchouté à résistance maximum (1,500 kilogr. par mq).

Leur fixation au châssis est obtenue par la réunion des longerons avant au centre de l'appareil au moyen d'entretoises d'acier.

Les deux longerons avant sont fixés rigidement,

le troisième peut pivoter autour de son point d'attache, afin d'éviter toute déformation pendant le gauchissement.

L'envergure des ailes est : 11ᵐ,70 ;

Leur longueur antéro-postérieure : 2ᵐ,15 (moyenne) ;

Leur surface totale : 25 mq ;

Leur poids : 48 kilogr.

Le haubannage inférieur, travaillant pendant le vol, est extrêmement robuste ; il comporte quatre haubans en lames d'acier et câble souple à l'avant, assurant la fixité des ailes. En arrière sont les supports et les câbles du gauchissement.

Le haubannage supérieur comporte un chevalet en tubes d'acier et des tirants en fil de même métal.

Fuselage ou corps fuselé. — Le fuselage comprend une poutre en forme de coque de canot d'une longueur de 10 mètres environ avec garniture intérieure en cèdre verni. En plaçant le maître couple très à l'avant, on a appliqué le même principe de réaction des filets d'air déjà mis en pratique avec la forme du bord antérieur des ailes ; d'ailleurs l'avant de la coque est arrondi et disposé pour recevoir le moyeu de l'hélice dès l'extrémité de l'arbre du moteur, ce qui réduit au minimum la portée de transmission.

L'emploi exclusif de vis ou de rivets pour l'assemblage des différents éléments du fuselage assure le maximum de rigidité tout en conservant le minimum de poids (45 kilogr. environ).

Train amortisseur. — Le train amortisseur est supporté par deux roues garnies de pneumatiques, dont l'accouplement est renforcé par une traverse de chêne et guidé par deux glissières verticales avec amortisseurs en faisceaux de caoutchouc.

Deux patins d'atterrissage en forme de traîneau empêchent le capotage et garantissent l'hélice contre les chocs sur le sol.

Les montants et les supports du châssis sont en frêne et acier combinés ; les tubes entretoisés sont fourrés avec du bois pour augmenter leur rigidité.

Le train amortisseur est le seul organe du planeur qui soit d'un poids élevé relativement ; la confusion des centres a été observée dans l'appareil Hanriot, dont la translation est des plus rapides.

L'arrière de la poutre est muni d'une béquille de soulagement.

Empennage stabilisateur. — L'empennage de stabilisation longitudinale se compose de deux plans triangulaires juxtaposés à la poutre et de chaque côté d'elle. Ces plans sont à l'arrière ; leur centre de pression à 4 mètres environ des ailes. Leur base coïncide avec l'extrémité de la poutre et sert d'axe de pivotement aux éléments du gouvernail d'altitude. Leur surface totale est d'environ 4 mètres carrés. Leur constitution est analogue à celle des plans porteurs.

Dispositif de stabilité transversale. — La souplesse du bord postérieur des ailes et la faculté de déplacement momentané du troisième longeron transversal permettent d'obtenir facilement la déformation simultanée et inverse ou gauchissement dont la commande se fait par câbles d'acier.

Gouvernail d'altitude. — Le gouvernail d'altitude est constitué par un plan horizontal mobile, dont les deux parties pivotent sur un axe formant la traverse arrière de l'empennage stabilisateur.

Ces deux parties sont reliées entre elles par un tube en acier ; ainsi rendues solidaires elles peuvent être commandées par un seul des deux câbles de commande si l'autre vient à se rompre.

La forme des deux plans qui composent le gouvernail d'altitude est trapézoïdale, la surface totale est de 2 mètres carrés.

Poste du pilote. — Le poste du pilote est situé entre les ailes et à l'aplomb du chevalet supportant

les haubans à l'arrière. Il comporte une ingénieuse combinaison de mouvements intimement liés aux réflexes du pilote, afin d'éviter toute manœuvre inverse.

Le levier de commande du gouvernail d'altitude se trouve à droite et se manœuvre d'avant en arrière suivant que l'on veut diminuer ou augmenter l'incidence.

Le levier de commande du gauchissement est à gauche et se manœuvre de droite à gauche ou inversement.

Le pilote, ayant le levier de gauchissement à la main, n'a qu'à suivre son instinct de l'équilibre qui le porte du côté où l'aile se relève après un virage, soit sous l'effort du vent.

Il entraîne avec lui le levier de gauchissement qui diminue l'incidence de l'aile relevée et augmente celle de l'aile abaissée, ce qui rétablit l'équilibre.

La commande du gouvernail de direction se fait, comme dans l'appareil Blériot, par levier formant palonnier, et placé sous les pieds du pilote.

Le dispositif de doublement des commandes est réalisé sur les appareils Hanriot.

Ensemble moto-propulseur. — Le monoplan Hanriot a volé avec des moteurs de constructions très diverses ; le moteur Clerget semble être particulièrement associé à ses plus beaux succès.

Néanmoins il faut citer les différentes marques auxquelles s'est adressée la société Hanriot :

Gyp 40 HP ; Darracq 35 HP ; Chenu 50 HP ; Picker 50 HP, et enfin Clerget 50 HP 4 cylindres 110/120 1,600 tours.

L'hélice la plus employée est du type Intégrale en bois de noyer chevillé. Les caractéristiques varient suivant les types de moteurs entre 2 et 3 mètres de diamètre et 0m,85 et 1m,20 de pas.

L'hélice employée avec le moteur Clerget 50 HP à 1,600 tours, lors du meeting de Reims avait comme diamètre 3m,10 et comme pas 1m,20 ; la vitesse du régime atteignait dans ces conditions 70 kilomètres.

Ainsi que nous l'avons expliqué, la disposition de l'étrave de la coupe permet de placer le moteur à l'extrême avant, l'hélice étant calée directement en bout de l'arbre.

Gouvernail de direction. — Le gouvernail de direction est placé à l'extrémité arrière de la poutre. Il se compose d'un plan vertical en forme de trapèze ; le tissu est tendu sur trois nervures assemblées par une poutrelle formant axe et pivotant sur une tige d'acier. L'arrière comporte également deux petites surfaces axiales de dérive.

Résumé des caractéristiques :

Surface portante : 25 mètres carrés ;
Envergure des ailes : 11m,70 ;
Longueur des ailes : 2m,15 ;
Longueur de l'appareil : 10 mètres ;
Type du moteur : Clerget ;
Puissance du moteur : 50 HP 110/120 ;
Diamètre de l'hélice : 3m,10 ;
Pas : 1m,20 ;
Vitesse : 1,600 tours ;
Vitesse de l'appareil : 70 kilom. (régime) ;
Poids total (non monté) : 300 kilogr. ;
Poids porté par mètre carré : 15kg,600.

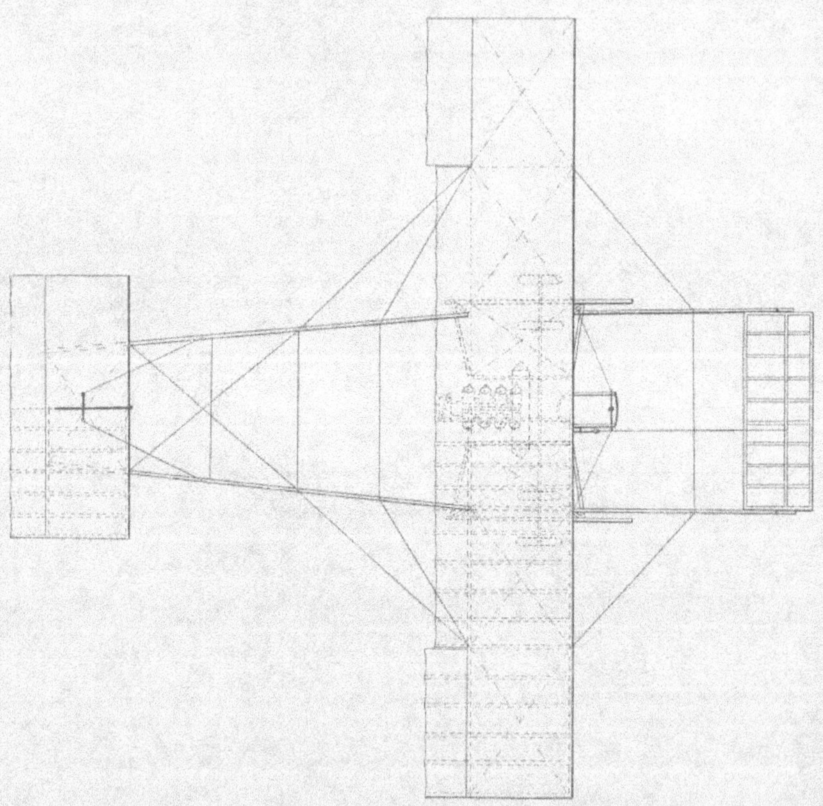

L'Aéroplane HOWARD WRIGHT

Sans constituer un appareil de conception très particulière, l'aéroplane de M. Howard Wright n'en est pas moins dès à présent, classé parmi les plus intéressants.

M. Howard Wright a longtemps suivi et étudié les transformations des différentes machines à voler et, s'inspirant autant de ses idées personnelles que des perfectionnements considérables réalisés depuis deux ans par tous les constructeurs, il est arrivé à établir un appareil remarquablement au point et très minutieusement préparé dans tous ses détails.

L'aéroplane Howard Wright a mis à son actif de fort belles performances grâce à la grande habileté de son chef pilote M. Sopwith, qui vola tout dernièrement devant le roi d'Angleterre et reçut les félicitations de son souverain.

Le 18 décembre 1910, M. Sopwith, parti à 8 h. 16 du matin d'East Church (île de Sheppey), dans l'estuaire de la Tamise, s'éleva à 600 mètres, attei-

gnit Douvres à 9 heures, et passa la Manche à 300 mètres d'altitude ; ayant à lutter contre un vent de 20 kilomètres à l'heure. Il pénétra sur la côte française, passa au-dessus d'Anzin et atterrit à Beaumont en Belgique, ayant volé 295 kilomètres en 3 h. 1/2.

M. Sopwith concourait pour le prix de Forest, d'une valeur de 100.000 francs, offert à l'aviateur anglais qui, montant un appareil de construction anglaise, aurait couvert avant le 1er janvier 1911 la plus grande distance de l'Angleterre au continent. En s'appropriant ce beau trophée, M. Sopwith établissait en outre le record du cross-country aérien sans escale, sur l'aéroplane Howard Wright.

C'est également sur un aéroplane de la même marque que l'audacieux pilote établit le record de durée anglais sur aérodrome, en volant 4 heures 1 minute.

Nous devons à l'extrême obligeance de M. Howard

Wright, qui a installé à Battersea Park une usine modèle de constructions aéronautiques, le plaisir de pouvoir donner ici une description succincte de son très bel appareil.

L'aéroplane Howard Wright est du type biplan et se compose de :

Les ailes ou surfaces portantes ;
Le corps de l'appareil ;
Le châssis d'atterrissage ;
L'empennage stabilisateur ;
Le dispositif de stabilité transversale.
Le gouvernail d'altitude ;
L'ensemble moto-propulseur ;
Le poste du pilote ;
Le gouvernail de direction.

Ailes ou surfaces portantes. — Les ailes ou surfaces portantes sont constituées par un assemblage de longerons et nervures.

L'intervalle vertical qui les sépare est de 2 mètres ; il est assuré par 16 montants en tubes métalliques, dont 8 sont placés à l'aplomb du châssis porteur. L'envergure des ailes est d'environ 10 mètres.

Leur longueur antéro-postérieure est de $1^m,80$ pour la surface inférieure. La surface supérieure a $1^m,80$ sur $7^m,50$ puis s'échancre vers les extrémités où elle n'a plus que $1^m,20$ de longueur antéro-postérieure. C'est dans l'échancrure ainsi ménagée que se meuvent les ailerons stabilisateurs. Deux surfaces auxiliaires à inclinaisons fixes sont adjointes aux extrémités arrière du plan inférieur.

La surface portante totale est voisine de 40 mètres carrés. Des haubans convenablement triangulés complètent l'ossature des surfaces portantes.

Il n'y a pas de surfaces verticales.

Corps de l'appareil. — Le corps de l'appareil réunit les surfaces principales à l'empennage et aux gouvernails.

Il est composé d'une charpente légère dont la section est quadrangulaire et dont les quatre longerons partent des montants médians des ailes pour se rapprocher en pyramide et servir à l'arrière de support à l'empennage et au gouvernail de direction.

Ces longerons sont étrésillonnés par des montants et des fils d'acier.

A l'avant, une charpente plus courte, mais de même forme sert de support au gouvernail d'altitude.

La longueur totale du fuselage ainsi constitué est de 10 mètres.

Châssis d'atterrissage. — Le châssis d'atterrissage comporte 4 montants verticaux et 4 arbalétriers qui sont, à leur partie supérieure assujettis aux 8 montants médians des surfaces portantes et à leur partie inférieure à deux solides patins.

Les patins sont suspendus élastiquement chacun à un essieu qui comporte une paire de roues écartées de $0^m,50$ et l'ensemble ainsi formé sert en même temps de train de lancement et de dispositif d'atterrissage. Une béquille placée à l'arrière du fuselage, assure la position normale au contact avec le sol.

Empennage stabilisateur. — L'empennage stabilisateur est ici monoplan. Il comporte une surface rectangulaire de $3^m \times 1^m,50$, de même forme et de même construction que les plans principaux.

Cette surface présente en sa partie avant la même courbure que les ailes.

L'arrière plan est plus souple, maintenu par un support en quart de cercle et des haubans.

Nous trouvons ici une particularité de l'appareil Howard Wright, jusqu'à présent assez semblable, dans ses grandes lignes, à l'aéroplane H. Farman.

Dispositif de stabilité transversale. — Nous avons vu que les échancrures ménagées aux extrémités des ailes permettaient le déplacement des ailerons de stabilisation.

Ces ailerons qui agissent sur les extrémités et à l'arrière des ailes ont une surface de 1 mètre carré environ, 2 mètres d'envergure et $0^m,50$ de longueur antéro-postérieure.

Leur action et leur manœuvre sont identiques à celles des organes correspondants de l'appareil Henri Farman :

Mention spéciale doit être faite du soin particulier avec lequel ont été établies les commandes de ces ailerons qui donnent l'impression de la sécurité la plus complète en même temps que d'une grande douceur et une progressivité parfaite dans la manœuvre.

Ces qualités ont permis à l'aviateur Sopwith de lutter victorieusement contre la bourrasque, en des vols d'une audace vraiment remarquable.

Gouvernail d'altitude. — Le gouvernail d'altitude se compose d'une surface rectangulaire de

1 mq 5 placée à 3 mètres en avant des surfaces principales et dont la commande a lieu par un levier vertical qui la traverse. L'axe de pivotement de cette surface est placé au tiers de sa longueur antéropostérieure à partir de l'avant.

Ensemble moto-propulseur. — Le moteur est du type E. N. V. d'une puissance de 60 chevaux, il est fixé à l'aplomb du châssis porteur et en arrière de la surface portante inférieure.

Le refroidissement a lieu par deux radiateurs verticaux placés de chaque côté du moteur.

Le réservoir d'essence est fixé au dessus.

L'hélice est calée directement sur l'arbre du moteur.

Elle est construite entièrement en bois et rappelle par sa forme, celle de l'appareil Wright américain.

Son diamètre est de 2 mètres, son pas de 1m,80.

Elle tourne à la vitesse de 1.400 tours dans une échancrure ménagée à cet effet dans le plan inférieur.

La vitesse de l'appareil Howard Wright est des plus rapides ; elle dépasse en régime 80 kilomètres à l'heure.

Poste du pilote. — Le poste du pilote comporte deux sièges en tandem. Le siège du pilote est tout à fait à l'avant du plan inférieur sur lequel il est fixé. Il comporte une barre sur laquelle se posent les pieds de l'aviateur et qui sert en même temps à la commande du gouvernail de direction.

L'aviateur tient dans sa main droite la barre qui commande le gouvernail d'altitude ; l'incidence des ailerons stabilisateurs est réglée par un second levier placé à gauche.

Le second siège, qui reçoit le passager ne comporte pas de commandes.

Tous les câbles de transmission ont été doublés.

Gouvernail de direction. — Le gouvernail de direction, placé à l'extrême arrière de l'aéroplane se meut autour d'un des montants du fuselage, prolongé à cet effet.

Il se compose de deux plans rectangulaires de 0m,60 × 0m,50, superposés avec un espace libre permettant le passage de l'empennage stabilisateur.

Résumé des caractéristiques :

Envergure : 10 mètres.

Longueur antéro-postérieure des ailes : 1m,80.

Surface portante : 40 mq. environ.

Longueur totale : 10 mètres.

Type du moteur : E. N. V. 8 cylindres.

Puissance du moteur : 60 chevaux.

Type de l'hélice : Howard Wright.

Diamètre : 2 mètres.

Pas : 1m,80.

Vitesse par minute : 1.400 tours.

Vitesse de l'appareil : 80 kilom. à l'heure.

Poids total en ordre de marche non monté : 520 kilogr.

Poids porté par mq. : 13 kilogr.

KŒCHLIN

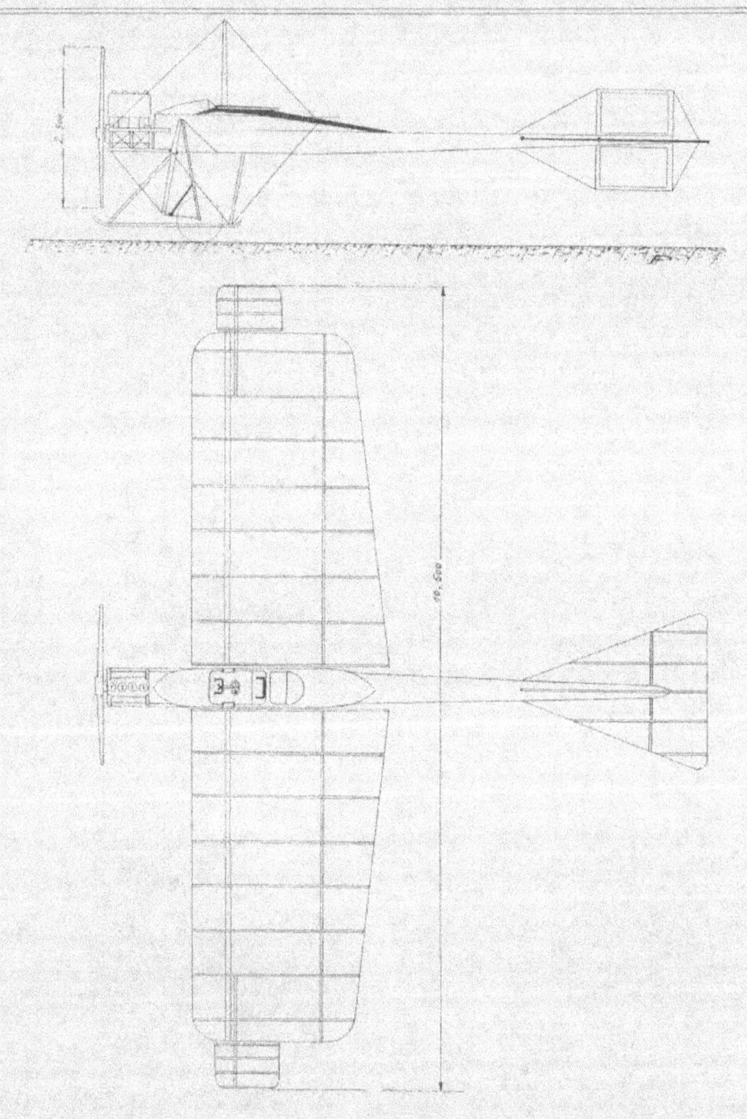

L'Aéroplane KOECHLIN

En offrant son monoplan au ministère de la Guerre, M. Paul Kœchlin a fait en même temps œuvre d'homme éclairé et de bon patriote, et l'avis autorisé du lieutenant-colonel Bouttiaux sur cet intéressant appareil a appelé sur lui l'attention du monde aéronautique.

M. Kœchlin, qui a ouvert à Mourmelon une école de pilotage, a vu ses élèves accomplir de fort beaux vols sur ses monoplans.

Nous rappellerons les vols à grande hauteur (700 à 1.100 mètres) de M. Weiss et les succès tant à Mourmelon qu'au meeting de Dijon de Mᵐᵉ Niel, qui fut la première aviatrice brevetée sur monoplan.

Par sa structure et sa facilité de conduite le monoplan Kœchlin présente toutes garanties de sécurité.

Le constructeur a cru devoir conserver les ailerons comme organes de redressement et, si l'on considère les réactions assez accentuées que peut subir l'appareil en raison de la disposition du propulseur très en avant et ces porte à faux, on comprend le maintien d'organes de stabilisation transversale plus puissants et plus sûrs que la déformation hélicoïdale de plans porteurs.

Le centre de sustentation de l'aéroplane Kœchlin est assez éloigné du centre de gravité et l'aéroplane serait assez sujet aux mouvements pendulaires longitudinaux, si son inventeur n'avait pris la précaution de donner une bonne longueur antéro-postérieure à ses ailes et une surface suffisante à son empennage.

Remarquons en passant que M. Kœchlin est un des rares constructeurs qui aient employé l'acier dans la charpente des surfaces portantes.

L'idée de placer le moteur et l'hélice très en avant des surfaces est, à notre avis, excellente en ce sens qu'elle augmente notablement le rendement de la propulsion, la zone d'air agité ne rencontrant pas immédiatement un obstacle à son déplacement.

Il est seulement à craindre que l'ensemble propulseur et surtout l'hélice ait à souffrir en cas d'atterrissage brusque.

M. Kœchlin a su d'ailleurs prévoir cette éventualité en munissant l'avant de son châssis amortisseur d'un solide patin de protection.

Dans cet autre ordre d'idées, ce mode de placement du propulseur et du moteur permet de les dégager complètement ce qui en rend la visite très facile, et surtout diminue beaucoup le risque du pilote de se trouver atteint par le moteur en cas de chute.

Il était donc fort intéressant de combiner très solidement la fixation en porte à faux à l'extrême avant du fuselage et M. Kœchlin y est heureusement parvenu.

L'aéroplane Kœchlin, du type monoplan comporte :

Les ailes ou surfaces portantes ;
Le fuselage ou corps fuselé ;
Le châssis amortisseur ;
L'empennage stabilisateur ;
Le dispositif de stabilité transversale ;
Le gouvernail d'altitude.
L'ensemble moto-propulseur ;
Le poste du pilote ;
Le gouvernail de direction.

Ailes ou surfaces portantes. — Leur ossature est constituée par des cadres en tubes d'acier sur lesquels sont montées des nervures en bois flexibles, le tout tendu en dessus et en dessous de tissu caoutchouté extra résistant.

Les ailes affectent la forme d'un trapèze. Leur envergure est de 9 mètres et leur longueur antéro-postérieure de 2m,50.

Elles sont solidement encastrées dans le fuselage et maintenues rigides par une série de six paires de haubans fixés à des potelets surmontant le fuselage, tandis que six autres haubans ont leurs points d'attache au bas du cadre formant le châssis amortisseur.

Fuselage ou corps fuselé. — Le fuselage comporte une charpente légère complètement recouverte d'un plaquage en bois très serré et soigneusement poncé et verni.

Ce fuselage, d'une rigidité absolue offre, grâce à son vernissage extérieur, le minimum de résistance à l'avancement.

Il est de forme pyramidale, la base étant à l'avant. Sa section moyenne est de 0m,40 × 0m,40 et sa longueur non comprise la charpente de support du moteur est de 7 mètres.

Châssis amortisseur. — Le châssis amortisseur est construit mi-partie bois, mi-partie acier, afin de lui donner le maximum d'élasticité.

Il comporte à l'avant un cadre à l'assemblage rigide et croisillonné avec suspension élastique à profil triangulaire, la base du triangle étant d'une part reliée au cadre dont il vient d'être parlé et d'autre part au moyen de la roue. De ce même

point part un tube d'acier renforcé dont la connexion avec la partie supérieure du cadre avant forme le sommet du triangle et l'ensemble ainsi formé est entre-toisé par de solides barres sur lesquelles se fixent le dessus et le dessous de l'avant du fuselage.

C'est également sur cette charpente que vient s'assujettir la partie armée qui supporte ou porte à faux l'ensemble moto-propulseur.

Le patin avant comporte une tige fixée sous le fuselage, un ski et une béquille à l'extrême avant dont la fonction est de protéger l'hélice en cas d'atterrissage un peu brusque sur l'avant.

A l'arrière du fuselage est placée une béquille élastique qui facilite l'allégement de l'appareil.

Empennage stabilisateur. — L'empennage stabilisateur se compose de deux surfaces triangulaires de chacune environ 2 mètres carrés, fixées à l'arrière du fuselage et ayant leur centre de pression à environ 5 mètres de celui des plans principaux. Ces surfaces sont extrêmement minces et flexibles à l'arrière afin d'en pouvoir faire varier l'incidence.

Dispositif de stabilité transversale. — Le dispositif de stabilité transversale comporte deux panneaux de redressement placés aux extrémités des ailes. Ces panneaux de même construction et de forme identique à celles des surfaces principales, sont pourvus de forts taquets montés sur axes pivotants. Leur surface est d'environ un demi-mètre carré chacun. Leur incidence est variable et leur action simultanée et de sens inverse. Par l'extrême sensibilité de leurs variations, le couple de redressement engendré est absolument progressif et s'oppose à toute réaction nuisible.

Deux plans de dérive placés au-dessus et au-dessous de l'arrière du fuselage et affectant une forme triangulaire, concourent en même temps à la stabilité transversale et au maintien de la direction.

Gouvernail d'altitude. — Le gouvernail d'altitude est constitué par la partie postérieure de l'empennage stabilisateur.

L'arrière des deux surfaces triangulaires est suffisamment flexible, pour qu'on en puisse effectuer l'inclinaison et par là même obtenir l'incidence appropriée au déplacement de l'appareil que le pilote veut réaliser.

Ensemble moto-propulseur. — Nous avons vu comment M. Kœchlin avait eu l'idée de placer son moteur très à l'avant et en porte à faux par conséquent.

Une très solide poutre convenablement étrésillonnée maintient le moteur de 70 chevaux 4 cylindres, à 0^m,75 de l'avant du fuselage.

L'hélice, établie par M. Kœchlin, est en bois et prise dans la masse, elle comporte deux pales, son diamètres est de 2^m,50 et son pas de 1^m,70.

Elle tourne à 1.400 tours et imprime à l'appareil une vitesse de 70 mètres à l'heure.

Poste du pilote. — Le poste du pilote comporte les sièges du pilote et du passager, un volant commandant par déplacement longitudinal le gouvernail d'altitude et par rotation le gouvernail de direction, ce qui est une particularité très curieuse de l'appareil Kœchlin.

D'autre part, la commande de l'équilibre transversal a lieu comme chez certains constructeurs qui semblent l'avoir abandonnée depuis, — Sommer et Curtiss notamment, — par le déplacement instinctif du corps du pilote.

Les câbles de commande des ailerons sont à cet effet reliés au siège et tributaires des mouvements réflexes que suscite l'instinct de l'équilibre.

Les commandes du moteur sont également à la portée du pilote dont la position est entre les deux ailes et au-dessus.

Gouvernail de direction. — Le gouvernail de direction comporte deux petites surfaces verticales formant un demi-mètre carré et se mouvant autour d'un axe vertical situé à l'extrême arrière du fuselage. L'empennage stabilisateur sépare les deux surfaces.

Résumé des caractéristiques

Surface portante : 20 mq.

Envergure : 9 mètres.

Longueur antéro-postérieure des ailes : 2^m,50.

Longueur de l'appareil : 8^m,50.

Type du moteur : Grégoire Gyp.

Puissance du moteur : 70 HP.

Type de l'hélice : Kœchlin.

Diamètre de l'hélice : 2^m,50.

Pas de l'hélice : 1^m,70.

Vitesse de l'hélice : 1.400 tours.

Vitesse de l'appareil : 70 kilom.

Poids total en ordre de marche (non monté) : 320 kilogr.

Poids porté par mq. avec deux passagers : 20 kil.

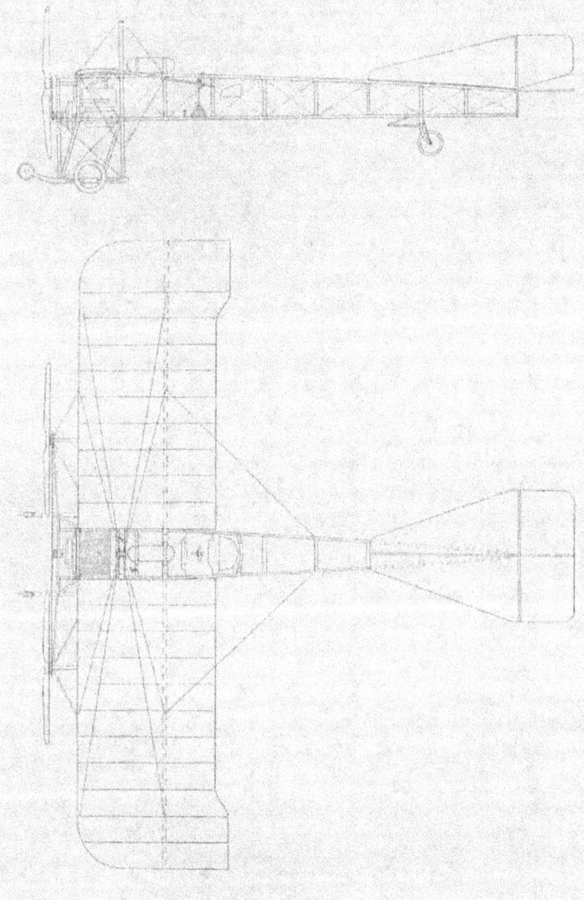

L'Aéroplane LIORÉ

Après avoir expérimenté, voici deux ans, en société avec MM. Dutilleul et Witzig un triplan échelonné qui, sans avoir donné de grands résultats pratiques, permit de très efficaces constatations, M. Lioré a construit en 1910 un aéroplane qui fit de fort beaux vols d'essais à Issy-les-Moulineaux en octobre et qui est basé sur un principe de traction assez particulier.

En munissant son appareil de deux hélices tractives qu'il place à l'avant un peu au-dessous des plans porteurs et symétriquement par rapport à l'axe longitudinal de l'ensemble, M. Lioré espère faire concourir ses hélices, en même temps à la propulsion, à la sustentation et à la stabilité transversale.

Voici comment l'ingénieux inventeur explique sommairement cette triple destination.

La force sustentatrice développée par le courant d'air refoulé par les hélices, reste logiquement, toujours égale sous les deux ailes, même dans les virages, puisqu'elle ne dépend que de la vitesse de rotation des deux hélices ; il en résulte que cette force sustentatrice, jointe à celle des plans porteurs en marche équilibrée, se trouve, au moment où un chavirement tend à se produire, partagée en deux couples élémentaires réagissant de façon à s'annuler l'un l'autre et contribuant à maintenir une stabilité latérale aussi absolue que possible.

De plus, l'emploi de deux propulseurs augmente considérablement le rendement de translation et s'oppose à l'effet des remous sur les ailes.

L'appareil de M. Lioré est du type monoplan et comporte :

Les ailes ou surfaces portantes ;

Le fuselage ;

Le train amortisseur ou châssis ;

L'empennage ou queue stabilisatrice ;

Le dispositif de stabilité transversale ;

Le gouvernail d'altitude ;

L'ensemble moto propulseur ;

Le poste du pilote ;

Le gouvernail de direction.

Ailes ou surfaces portantes. — Les ailes du monoplan Lioré sont constituées par une charpente légère en bois composée de longerons et de nervures consolidés par des poutrelles transversales et tendus de tissu caoutchouté à la face externe.

Leur envergure est de 9^m,50 et leur longueur antéro-postérieure de 2^m,30.

Aux extrémités postérieures sont fixés les ailerons gauchissables.

La surface portante est de 23 mq.

Fuselage ou corps fuselé. — Le fuselage ou corps fuselé est constitué par une poutre armée assemblée à sa partie avant au châssis de roulement et dont l'extrême arrière porte les plans de dérive, l'empennage et les gouvernails.

Cette poutre armée, de section quadrangulaire, a environ 0m,60 de côté au maître couple et sa longueur est de 7m,50 ; elle est complètement tendue sur une longueur de 3 mètres c'est-à-dire de l'extrême avant à l'arrière des ailes.

Train amortisseur ou châssis. — Le châssis qui a fait l'objet d'un brevet est constitué par une légère charpente de bois et porté par deux patins munis chacun d'un essieu à deux roues orientables à l'a-

vant. La disposition de cet essieu permet, lors de l'atterrissage, l'effacement des roues, et les patins viennent en contact avec le sol.

A l'arrière, se trouve un léger cadre en tubes d'acier qui offre cette particularité d'être supporté par une roue orientable, commandée à volonté par le pilote. Ceci permet de diriger l'appareil lorsqu'il roule sur le sol.

Le cadre avant a une hauteur de 2 m.

Empennage ou queue stabilisatrice. — L'empennage est cruciforme, et composé d'un plan horizontal développé en queue de pigeon et traversé suivant l'axe longitudinal par un plan vertical de même forme et travaillant à la stabilité transversale.

Cet empennage double est fixé à l'extrême arrière de l'appareil et la surface de chacune de ses parties est d'environ 3 mq.

Dispositif de stabilité transversale. — Aux bords postérieurs extrêmes des ailes se trouvent deux surfaces qui sont en quelque sorte le prolongement à l'arrière des plans principaux, mais sur une largeur de deux mètres seulement.

Les ailerons ainsi formés, d'une surface de 1 mq. ont une armature assez flexible et élastique pour pouvoir être soumis à une déformation hélicoïde faisant au point de vue de la stabilisation latérale, l'office correspondant à celui du gauchissement des plans porteurs, plus généralement pratiqué.

La flexion de ces ailerons est commandée du poste du pilote.

Gouvernail d'altitude. — Ainsi que dans beaucoup de monoplans, le gouvernail d'altitude est formé par une surface placée derrière l'empennage cruciforme, à l'extrême arrière du fuselage et pivotant autour d'un axe transversal.

Les câbles de commande courent sur des galets le long du fuselage.

Ensemble moto-propulseur. — Le moteur employé sur le monoplan dont nous donnons la description est un Grégoire Gyp de 3o/4o chevaux avec refroidissement à eau par thermo-siphon.

Ce moteur commande par une transmission démultiplicatrice à chaînes deux hélices du type Lioré tournant en sens contraire à la vitesse de 600 tours.

Les deux chaînes de cette transmission ne sont pas croisées, mais le sens de marche de l'une d'elles est inversé au moyen d'un engrenage ; elles sont guidées dans des tubes munis d'une gaîne dont la forme supprime autant que possible l'usure.

M. Lioré a eu l'idée de munir son dispositif de propulsion de perfectionnements intéressants.

C'est ainsi que le moteur est mis en marche à la manivelle. Un embrayage commandé par une pédale au pied, permet d'embrayer et de débrayer les hélices à volonté.

Ainsi le pilote peut partir sans le secours d'aucun aide.

D'autre part, pour éviter les graves conséquences qu'entraînerait la rupture d'une chaîne rendant folle une hélice, ou simplement un allongement exagéré, l'inventeur a imaginé de munir son appareil d'un dispositif d'arrêt immédiat par coupure du circuit d'allumage.

Ce dispositif se compose essentiellement de galets de roulement maintenus en position normale par la tension des chaînes de commande des hélices.

Si une chaîne se rompt ou s'allonge exagérément, le galet n'étant plus soutenu agit sur un levier interrupteur et coupe instantanément l'allumage.

Les hélices, du type Lioré, à accouplement élastique et à pas réglable ont un diamètre de 2m,50 et un pas de 2m,20.

Elles tournent sur un bâti relié au longeron du bord d'attaque de la voilure, formant bloc et ainsi que nous l'avons vu plus haut, contribuent à l'équilibre transversal de l'appareil.

Poste du pilote. — Le poste du pilote est situé entre les ailes et à l'arrière, immédiatement après le moteur.

Il comporte un siège, les pédales d'embrayage, la manivelle de mise en marche du moteur et les commandes des deux gouvernails et du gauchissement.

S'inspirant des dispositifs les plus simples, M. Lioré a réuni dans un même volant dont les déplacements sont multiples, les trois commandes d'altitude, de direction et de gauchissement, sans qu'aucun jeu soit rendu possible.

Gouvernail de direction. — Le gouvernail de direction est un simple plan vertical mobile autour d'un axe coïncidant avec le bord arrière du plan de dérive supérieur de l'empennage crucial.

Il est commandé par câbles et galets.

Résumé des caractéristiques :

Envergure : 9m,50.
Longueur antéro-postérieure des ailes : 2m,30.
Surface portante : 23 mq.
Longueur de l'appareil : 8m,20.
Type du moteur : Grégoire Gyp ou Gnôme 50 HP.
Puissance du moteur : 30/40.
Nombre d'hélices : 2.
Diamètre des hélices : 2m,50.
Pas des hélices : 2m,20.
Vitesse des hélices : 600 tours.
Vitesse de l'appareil : 80 kilom. à l'heure.
Poids en ordre de marche : 380 kilogr.
Poids porté par mq. : 16kg,500.

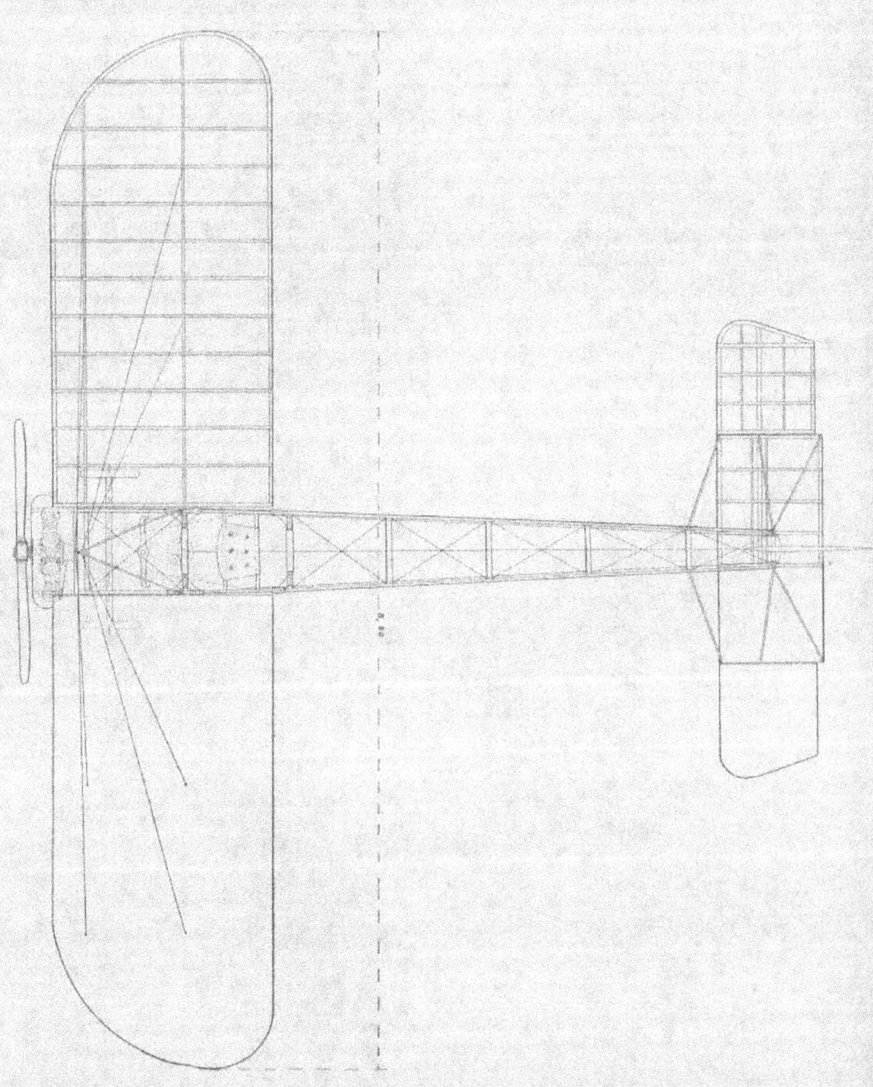

Aéroplanes MORANE=SAULNIER

L'AÉROPLANE SAULNIER

Les expériences de détermination de la puissance propulsive, et du rendement des moteurs et des hélices, entreprises par M. Saulnier sont considérées comme un moyen très sûr et très simple d'obtenir des chiffres vraisemblables et même exacts sans pour cela abandonner le sol.

Nous ne décrirons pas ici l'appareil imaginé par le distingué ingénieur et renverrons nos lecteurs à la note détaillée de M. Chasseriaud sur ce sujet (1).

Les spécialistes de l'aviation sont, d'autre part, redevables à M. Saulnier d'une classification extrêmement rationnelle et limpide des appareils de vol mécanique (2).

La méthode à laquelle l'auteur s'est rangé envisage les forces auxquelles est soumis l'aéroplane en vol et les points d'application des couples qui en résultent, par lesquels il définit les divers centres de l'appareil.

Suivant que la direction de la force propulsive passe ou non par les centres de gravité et de sustentation, l'appareil est dit à centres confondus, ou à centres distincts.

M. Saulnier a, de plus, étudié les conditions d'équilibre des appareils de chacune de ces deux catégories, en les comparant fort justement aux conditions d'une sphère qui serait, dans le premier cas, soutenue en son centre et, dans le deuxième cas, suspendue en un point quelconque de surface.

De cette documentation nette et substantielle, M. Saulnier a tiré les éléments dont l'application

1. La *Technique Aéronautique*, n° 5, p. 179.
(2) *Equilibre, centrage et classification des aéroplanes*, par R. Saulnier.

et la mise en pratique ont abouti à la construction d'un aéroplane exceptionnellement bien étudié.

L'aéroplane Saulnier est du type monoplan et comporte :

Les ailes ou surfaces portantes ;
Le fuselage ou corps fuselé ;
Le châssis porteur ;
L'empennage stabilisateur ;
Le dispositif de stabilité transversale ;
Le gouvernail d'altitude ;
L'ensemble moto-propulseur ;
Le poste du pilote ;
Le gouvernail de direction.

Ailes ou surfaces portantes. — Les ailes incurvées suivant le profil le plus favorable à l'utilisation rationnelle des masses d'air ont leur bord antérieur formé d'une poutre solide, dans laquelle sont pratiquées les mortaises recevant les nervures longitudinales.

Cette poutre est recourbée aux deux extrémités et se raccorde avec le longeron arrière par une deuxième courbe moins ouverte et très flexibles.

L'ossature ainsi formée est tendue en dessus et en dessous de tissu caoutchouté.

Le haubannage de sortie est obtenu par câbles d'acier et potelets fixés au-dessus du fuselage.

Le haubannage de suspension raccorde les ailes au châssis porteur par câbles fixés au sommet avant du triangle de support élastique.

L'envergure des ailes est de 8m,60 et leur longueur antéro-postérieure de 2 mètres, ce qui donne une surface portante d'environ 15 mètres carrés.

Fuselage ou corps fuselé. — Le fuselage, de section rectangulaire, est presque entièrement en bois.

Dans toutes les parties ayant des efforts à supporter, on a employé le frêne ; les parties travaillant peu sont établies en pin ou en grisard.

Une particularité intéressante de ce fuselage réside dans le procédé employé pour l'assemblage de ses éléments. Les extrémités des montants et des traverses viennent se loger dans des mortaises pratiquées dans l'épaisseur des bossages ménagés sur les longerons. Ainsi sont assurées la rigidité de l'ensemble en même temps qu'une capacité élastique parant à tout effort de dislocation.

Les fils d'entretoisement sont tous fixés à des étriers entourant le longeron, ce qui évite un perçage dangereux des longerons aux endroits précis où le travail à la flexion est maximum.

La longueur totale du fuselage est de 6m,50 Il est entoilé dans sa partie avant.

Châssis porteur. — Le châssis supportant le moteur et le fuselage par l'avant est établi entièrement en hickory et calculé pour résister efficacement aux chocs que provoquent les plus violents atterrissages.

Il comporte un cadre dont les montants extrêmes portent les ressorts amortisseurs d'une suspension triangulaire, le sommet arrière formant moyeu d'un essieu avec roues caoutchoutées.

Des contre-fiches assurent la fixation du fuselage, un bâti spécial recevant à la partie supérieure le moteur et l'hélice.

Vers l'arrière du fuselage une roue porteuse complète, avec un triangle à suspension élastique, le dispositif de roulement de l'appareil sur le sol.

Empennage stabilisateur. — L'empennage stabilisateur est constitué par une surface trapézoïdale disposée horizontalement à l'arrière de l'appareil.

Dispositif de stabilité transversale. — La stabilité transversale s'obtient par gauchissement des ailes, dont les bords extrêmes postérieurs sont reliés au poste du pilote.

En outre, l'arrière porte une surface verticale dorsale triangulaire, qui concourt en même temps à la rectitude du vol et à la stabilité latérale.

Gouvernail d'altitude ou équilibreur. — Il est formé par une seule surface de 2m,60 sur 0m,80 dont l'axe de pivotement se trouve à l'extrême arrière du fuselage.

Ensemble moto-propulseur. — M. Saulnier avait installé sur son premier appareil un moteur Darracq à deux cylindres horizontaux de 30 chevaux actionnant une hélice de 2m,30 de diamètre et 0m,85 de pas.

Cette hélice, tournant à 1.600 tours, imprime à l'appareil une vitesse de 90 kilomètres à l'heure.

Poste du pilote. — Le pilote est assis dans le fuselage à l'arrière des ailes et en dessous. Il a le champ visuel absolument libre de tous les côtés. Les commandes comprennent un volant dont l'axe, en se déplaçant longitudinalement, commande le gouvernail d'altitude.

La rotation du même volant commande le gouvernail de direction.

Le gauchissement des ailes est commandé par un levier spécial.

Gouvernail de direction. — Le gouvernail de direction est composé d'un plan vertical à surface trapézoïdale placé au-dessus du gouvernail d'altitude et mobile autour d'un axe fiché à l'extrême arrière du fuselage.

Résumé des caractéristiques

Envergure : 8m,60.
Longueur antéro-postérieure des ailes : 2 mètres.
Surface portante : 15 mètres carrés.
Longueur de l'appareil : 7m,20.
Type du moteur : Darracq ou Gnôme.
Puissance du moteur : 5o chevaux.
Type de l'hélice : en bois à 2 pales.
Diamètre de l'hélice : 2m,30.
Pas de l'hélice : 0m,85.
Vitesse par minute : 1.600 tours.
Vitesse de l'appareil : 90 kilomètres à l'heure.
Poids total en ordre de marche : 35o kilogr.
Poids porté par mètre carré : 23 kilogrammes.

AÉROPLANE MORANE

La collaboration qu'un aviateur aussi expérimenté que Léon Morane pouvait apporter à l'éminent ingénieur-constructeur était un sûr garant du succès décisif obtenu dès les premiers essais.

En octobre 1910, à l'aérodrome de Chartres, l'aviateur Paul de Lesseps, succédant au regretté Blanchard, pilota le *Morane* dans ses premiers essais et tous les spectateurs eurent l'impression d'un essor particulièrement rapide en même temps que d'une stabilité parfaite pendant le vol.

La vitesse, chronométrée pour le tour de piste, dépassa 100 kilomètres à l'heure.

Cet heureux résultat devait être confirmé deux mois plus tard, lorsqu'à Pau, le *Saulnier-Morane* exécuta de très remarquables vols piloté par Védrines.

L'aéroplane a été établi pour atteindre les plus grandes vitesses tout en conservant une force suffisante pour assurer en même temps le maximum de stabilité et la sécurité du pilote.

Ses dimensions réduites l'obligent d'ailleurs à une pénétration rapide, atteinte facilement avec un moteur de puissance moyenne.

L'aéroplane Morane est du type monoplan et comporte :

Les ailes ou surfaces portantes ;
Le fuselage ;
Le châssis d'atterrissage ;
Le stabilisateur ;
Le dispositif de stabilité transversale ;
Le groupe propulseur ;
Le poste du pilote ;
Le gouvernail de direction.

Les ailes. — Les ailes ont 4m,25 sur 1m,75 dans le 5o chevaux à une place.

5m,40 sur 1m,85 dans le 5o HP à deux places.

3m,80 sur 1m,55 dans le 70 HP à une place.

Le fuselage. — Le fuselage est entièrement en frêne. Les longrines ne sont affaiblies par aucun trou. Au droit des montants et traverses, un cavalier supporte les fils tendeurs.

Le châssis d'atterrissage. — Ce châssis se compose de 4 mâts en frêne supportant des patins horizontaux, reliés à l'essieu porteur de deux roues par des attaches élastiques. Une entretoise en tubes d'acier assure la rigidité de cet ensemble et permet de déterminer un point fixe d'où partent les haubans qui soutiennent les ailes.

Le stabilisateur. — Le stabilisateur est constitué par une surface portante à l'arrière sur les côtés de laquelle deux volets sont mobiles autour d'un axe horizontal.

Stabilité transversale. — La stabilité transversale s'obtient par gauchissement.

Ensemble propulseur. — Un moteur Gnôme monté à l'avant sur une tôle unique entraîne directement une hélice de 2m,50 de diamètre et de 1m,91 de pas.

Poste du pilote. — Le pilote est au-dessus des ailes, avec un champ visuel extraordinairement bien dégagé.

Le pilote est abrité du vent et de la vapeur

d'huile par un capot protecteur qui dissimule les réservoirs, les tachymètres, la carte, la boussole, les vérificateurs de graissage, l'altimètre, le cadran solaire et la montre, ainsi que les commandes des gaz, d'air et d'allumage.

Les commandes de l'aéroplane comprennent un levier commandé par l'une ou l'autre main (avant-arrière pour monter ou descendre ; gauche-droite pour le gauchissement), et un palonnier commandé au pied pour la direction.

Gouvernail de direction. — Le gouvernail de direction est composé de deux plans verticaux agissant de part et d'autre du stabilisateur autour d'un axe vertical maintenu à l'arrière du fuselage.

Résumé des caractéristiques.

Envergure : 9 mètres.
Longueur antéro-postérieure des ailes : 1^{m},75.
Surface portante : 14^{m},50.
Longueur : 6^{m},50.
Type du moteur : Gnôme.
Puissance : 50 HP.
Hélice à deux pales, en bois 2^{m},50 ⁄ 1^{m},92.
Vitesse par minute : 1200 tours.
Vitesse de l'appareil : 115 kilomètres à l'heure.
Poids total en marche : 400 kilogrammes.
Poids porté par mètre carré : 26 kilogrammes.

L'Aéroplane NIEUPORT

L'appareil Nieuport doit surtout son succès à la simplicité de sa construction et à l'élégance de ses formes.

Ce monoplan de dimensions très réduites a brillamment figuré lors de la grande semaine de Reims et s'est signalé tout dernièrement dans la Coupe Gordon-Bennett.

M. Nieuport a notamment exécuté un voyage de France en Belgique et retour et s'est facilement maintenu à grande hauteur, bien que le moteur qui actionnait son appareil fût de très faible puissance.

Le constructeur a surtout cherché à pouvoir, en cas d'arrêt des organes propulseurs, planer en toute sécurité, sans que l'équilibre soit compromis un seul instant. Cette particularité permet de choisir à son gré l'endroit le plus favorable pour l'atterrissage. Si nous ajoutons que la rapidité de montage de l'appareil Nieuport est exceptionnelle, nous aurons donné les points les plus intéressants par lesquels il se distingue des autres aéroplanes.

Ci-dessous la description des principaux organes.

L'appareil Nieuport est du type monoplan et comprend :

Les ailes ou surfaces portantes ;
Le fuselage ou corps fuselé ;
Le train amortisseur ;
L'empennage stabilisateur ;
Le dispositif de stabilité transversale ;
Le gouvernail d'altitude ;
Le poste du pilote ;
L'ensemble moto-propulseur ;
Le gouvernail de direction.

Ailes ou surfaces portantes. — Les ailes sont formées par deux surfaces trapézoïdales dont l'envergure totale est de 8 mètres, la surface portante de 14 mq.

NIEUPORT

Leur largeur est de 5 mètres.

Ces ailes sont constituées par une charpente, longerons et nervures en bois léger, tendus de toile caoutchoutée et fixés au fuselage à l'aide de tiges et de tendeurs.

Elles présentent une courbure dont le profil très étudié permet le minimum de résistance à l'avancement, en même temps qu'un partage rationnel et de rendement sustentateur maximum des masses d'air traversées.

Le dispositif de haubanage des ailes est constitué par 4 tubes d'acier connectés en pyramide, et du sommet de cette pyramide partent des câbles d'acier souples éprouvés à une résistance de 4.000 kilogrammes.

Corps fuselé. — Le corps fuselé est constitué par une charpente armée dont la simplicité de triangulation est exceptionnelle.

Le corps du fuselage est entièrement entoilé et protège très efficacement le pilote qui, placé très à l'avant des ailes et un peu au-dessous, voit avec une très grande facilité ce qui se passe autour de lui. La longueur de ce fuselage, y compris l'empennage arrière est d'environ 7 mètres.

La forme du fuselage est très originalement réalisée.

L'avant affecte la forme d'une pyramide et les quatre faces se profilent suivant une section quadrangulaire. Cependant la face inférieure a été légèrement relevée vers l'avant, et cette particularité permet au fuselage de se comporter, très relativement d'ailleurs, comme un organe de sustentation.

Train amortisseur. — Le train amortisseur est formé d'un châssis, roues et patins avec amortisseurs par ressorts à boudin et pneumatiques aux roues. Ce train amortisseur est constitué de telle façon que, même dans les atterrissages rapides, il n'est pas possible que l'appareil pique brusquement. En effet, le patin est assez avancé pour s'opposer à toutes inclinaisons exagérées de l'avant de l'appareil.

Le cadre servant de jonction entre l'appareil planeur et le train amortisseur forme une sorte de pyramide métallique dont le sommet renversé serait le point de sustentation de l'ensemble sur l'essieu porteur. Cette suspension est rendue élastique par l'adjonction d'un ressort parabolique à lame, dont les extrémités s'appuient sur les moyeux des roues du train.

Un tube d'acier horizontal renforce le tout.

Il est à remarquer que ce mode de suspension du châssis porteur permet un redressement rapide de l'appareil, une fois son contact pris avec la terre, en sorte que si l'atterrissage se fait avec une inclinaison transversale marquée de l'ensemble, au moment où les roues toucheront le sol, les ailes de l'appareil frôleront légèrement et se redresseront aussitôt sans qu'il en résulte d'avarie grave.

Empennage stabilisateur. — L'empennage stabilisateur qui assure l'équilibre vertical est constitué par un plan fixe horizontal fixé sur l'arrière du fuselage. Ce plan est cependant réglable à volonté au moyen de tendeurs spéciaux. Sa surface est d'environ 2 mq. et sa forme rappelle celle d'une nageoire caudale de poisson. Il est très solidement haubané après les poutres du fuselage et son bord antérieur est fuyant afin de diminuer autant que possible sa résistance à la pénétration. La même forme a d'ailleurs été adoptée pour le gouvernail d'altitude que sa seule faculté de déplacement autour d'un axe horizontal distingue de l'empennage.

Dispositif de stabilité transversale. — La stabilité transversale est assurée par un gauchissement automatique tributaire du volant de direction, mais cependant soumis à la volonté du pilote lorsqu'il s'agit de réagir contre l'action du vent. Ce gauchissement s'exerce à la partie postérieure et à l'extrémité des surfaces portantes.

Gouvernail d'altitude. — Le gouvernail d'altitude se confond avec le gouvernail de direction. Il est monoplan, placé à l'arrière de l'appareil et manœuvrable du poste du pilote par le levier qui commande également le gouvernail de direction.

Poste du pilote. — Le poste du pilote est d'une simplicité sans égale car celui-ci, de même que dans l'appareil Voisin, peut actionner les organes d'équilibre longitudinal et le gouvernail de direction au moyen du même volant.

En même temps que le levier ci-dessus mentionné, le pilote a à sa portée les différentes manettes de commande du moteur.

D'autre part, la stabilité latérale est rendue, ainsi que nous le disons plus haut, automatique par un dispositif spécial qui constitue un brevet de l'inventeur. Hâtons-nous de dire qu'il ne s'agit pas du dispositif d'équilibrage automatique au sujet duquel on propose tant de solutions plus ou moins encombrantes ou pesantes, mais d'une très ingénieuse adaptation de la commande du gauchissement.

Ensemble moto-propulseur. — Le monoplan Nieuport a été muni de différents moteurs. Nous rappellerons seulement ceux auxquels il doit ses plus belles envolées, qui sont les moteurs Anzani et Darracq.

Le moteur Anzani établi sur le monoplan Nieuport à grande vitesse est un 5 cylindres, 50 chevaux de 105-130 avec refroidissement par ailette et allumage par magnéto. Ce moteur commande une hélice Chauvière de 2^m,40 de diamètre et 1^m,50 de pas tournant à 1.200 tours. Le moteur Darracq, dont le régime de marche correspond mieux aux dimensions générales de l'appareil est un 25 chevaux, 2 cylindres 130-120 à refroidissement par eau et allumage par magnéto. L'hélice employée dans ce cas est également une intégrale Chauvière de 1^m,40 de diamètre et 1^m,15 de pas; sa vitesse de rotation est de 1.800 tours.

La description du moteur Darracq se trouve dans la notice consacrée à l'aéroplane Santos-Dumont.

Dans le monoplan Nieuport le moteur est fixé à l'avant de l'appareil; il est suffisamment séparé du pilote pour que celui-ci, bien qu'étant placé très près de lui, soit efficacement protégé.

Gouvernail de direction. — Le gouvernail de direction rappelle un peu par sa forme celui de l'aéroplane Santos-Dumont, il se déplace, en effet, suivant plusieurs plans, de façon à assurer en même temps la rectitude de marche et la direction, et à contribuer à l'équilibre de l'appareil en créant un couple de redressement.

Il est formé de deux surfaces verticales échancrées au milieu de leur hauteur, pour permettre leur déplacement en surface égale au-dessus et au-dessous du gouvernail d'altitude.

Résumé des caractéristiques :

Surfaces portantes : 14 mq.
Envergure : 8^m,40.
Longueur antéro-postérieure : 7^m,50.
Type du moteur : Anzani, Nieuport, Gnôme.
Puissance normale du moteur : 25 chevaux.
Vitesse de l'hélice : 1.800 tours.
Diamètre de l'hélice : 1^m,10
Pas de l'hélice : 1^m,15.
Vitesse à l'heure en kilomètres : 85 kilom.
Poids en ordre de marche : 290 kilos.
Poids porté par mètre carré : 21 kilos.

L'Aéroplane PAULHAN

M. Paulhan, l'aviateur connu, a fait construire récemment par les chantiers d'aviation Fabre un nouvel appareil auquel il a donné le nom de machine à voler.

Les procédés de construction y sont les mêmes que dans le remarquable aérohydroplane Fabre, mais ils ont été heureusement adaptés au type biplan à queue avec équilibreur, dont M. Paulhan avait la longue et précieuse expérience.

Ailes ou surfaces portantes. — Constituées par une ossature en poutres armées, les ailes de l'appareil Paulhan offrent l'aspect d'un squelette d'oiseau.

Elles comportent des lattes souples encastrées par leur gros bout dans une poutre armée unique, telles les plumes de l'oiseau dans l'os.

La voilure entière coulissant sur ces lattes au moyen de gaines, peut être tendue à volonté, ou repliée contre la poutre principale, ou bien enlevée complètement et remise ensuite sans démonter aucune partie de l'ossature.

D'après l'inventeur Fabre, la poutre armée à arêtes biseautées, tout en étant capable de résistances considérables à la flexion et au flambage, est très favorable à la pénétration en raison du tranchant que présentent à l'air ses multiples arêtes.

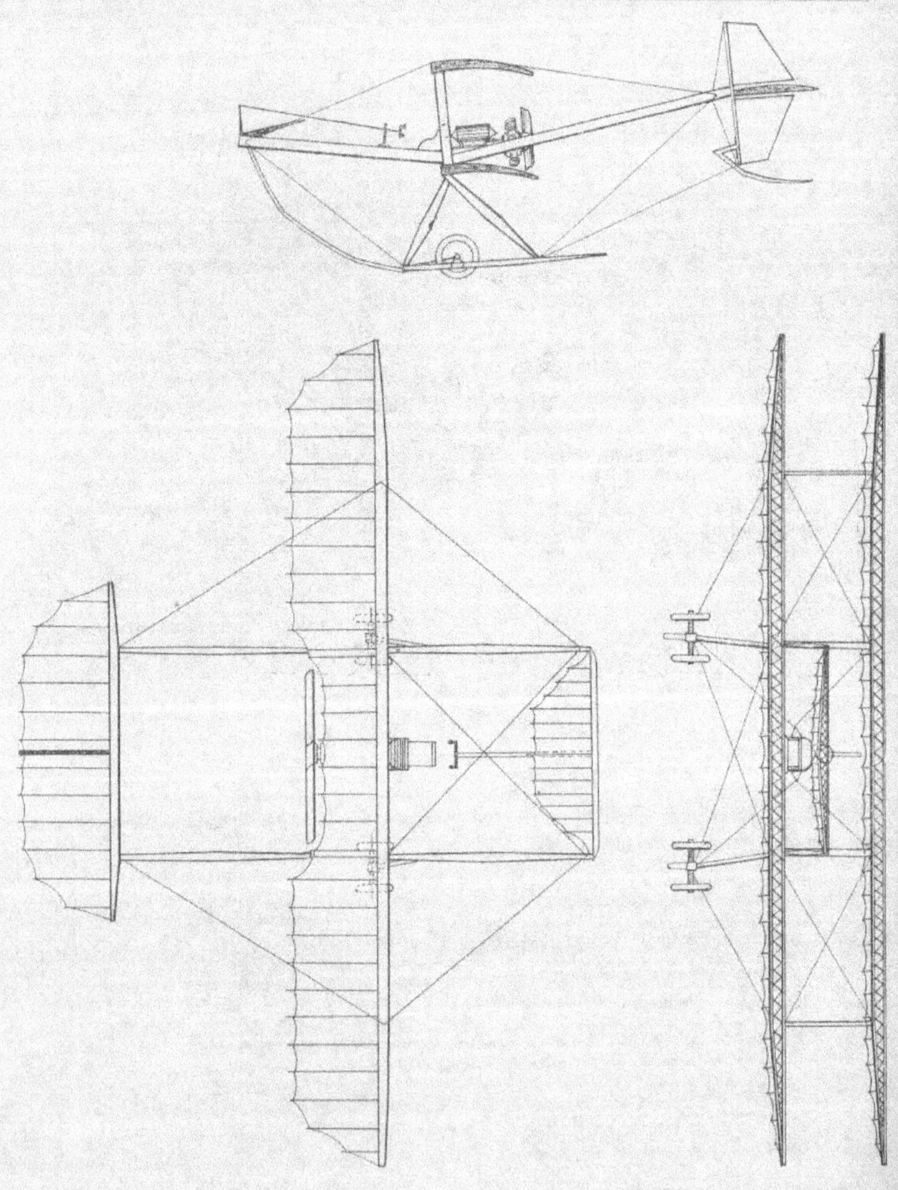

De même les semelles de la poutre concourent à la sustentation, tandis que les croisillons sont autant de surfaces de dérive.

Enfin une telle poutre possède néanmoins une certaine souplesse à la torsion qui rend très facile la manœuvre de gauchissement.

Ces différents points peuvent paraître sujets à controverse, mais il faut ajouter qu'ils ont été longuement expérimentés par le constructeur et ont au moins un grand mérite d'originalité.

Les lattes souples qui s'encastrent dans la poutre ont une courbure et une élasticité progressives du bord d'attaque au bord de sortie et peuvent céder aux variations de vent sans crainte de déséquilibre, car leur déformation opportune ne provoque pas de déplacement sensible du centre de pression. Enfin

on peut en varier la section et la flexibilité suivant les formes d'utilisation de l'appareil.

La voilure elle-même offre par son montage, une surface parfaitement lisse à l'air qui s'écoule ; elle est facilement repliable et son mode d'attache est le suivant : de chaque côté de la cellule centrale et pour chaque groupe d'ailes est disposé un joint élastique en cuir facilement démontable ; 3 câbles pour chaque aile viennent maintenir ce joint en position : c'est une solution très simple, et très sûre à la fois.

L'envergure des ailes est de 12 mètres et leur surface portante totale est d'environ 29 mètres carrés.

Le fuselage, qui va de l'extrême avant à l'extrême arrière de l'appareil, est constitué par deux poutrelles légères parallèles de 10 mètres de longueur environ.

Ces poutrelles convenablement entretoisées sont placées à 3 mètres l'une de l'autre.

Elles supportent à l'avant le gouvernail d'altitude, à l'arrière l'empennage et le gouvernail de direction.

Dans leur partie médiane elles sont en connexion avec deux des poutrelles formant entretoises verticales d'écartement des deux surfaces portantes ; en outre, elles reposent à l'aplomb des tiges de suspension du châssis amortisseur et à l'extrême arrière sur un patin.

Châssis amortisseur. — Le châssis amortisseur se compose de deux forts patins engagés librement dans deux béquilles qui viennent s'attacher aux montants verticaux du cadre central par un joint

élastique en cuir ; la transmission des chocs se fait ainsi sur toute la longueur des patins.

Des roues de lancement orientables ont leur moyeu fixé aux patins par des câbles et assurent le roulement sur le sol avant l'essor.

Empennage ou queue stabilisatrice. — L'empennage est formé par une surface de 4 mq. environ, de même structure que la voiture et montée à l'arrière sur les longerons déjà cités avec charnières en cuir chromé, afin d'éviter autant que possible les chances de coincement ou de rupture, et à incidence réglable.

Gouvernail d'altitude. — Le gouvernail d'altitude ou équilibreur est monté à l'extrême avant sur les longerons tenant lieu de fuselage, et par le même moyen que l'empennage.

Il est commandé par une bielle et sans l'intermédiaire d'aucun câble.

Dispositif de stabilité transversale. — La stabilité transversale s'obtient par gauchissement.

Lorsque le pilote agit sur la commande de gauchissement, il provoque un léger déplacement de l'aile inférieure et d'arrière en avant pour l'aile à gauchir.

L'aile supérieure étant maintenue fixe, les montants verticaux transmettent à l'ensemble des deux ailes un véritable mouvement de rotation tout en augmentant l'incidence et cette déformation crée le couple de redressement opportun.

Ensemble moto-propulseur. — L'aéroplane Paulhan est muni d'un moteur Gnôme tournant entre deux paliers derrière le pilote et commandant directement une hélice Drzewiecki.

Avec une puissance de 50 chevaux à 1.200 tours et une hélice de 2ᵐ,50 de diamètre et 1ᵐ,80 de pas, l'appareil atteint une vitesse de 70 à 80 kilom. à l'heure.

Poste du pilote. — Le poste du pilote également appelé nacelle, est suspendu par des câbles au milieu du cadre central.

Cette nacelle se compose d'un châssis recouvert d'une enveloppe en forme d'obus pour abriter les pilotes et diminuer la résistance à la pénétration.

À l'intérieur du capot ainsi constitué se trouvent les sièges du pilote et du passager, et, devant eux, les volants de manœuvre.

Un seul volant sert pour l'aéroplane et peut, par sa rotation, agir sur la direction, tandis que son déplacement dans l'espace agit sur l'équilibreur ou gouvernail d'altitude et sur le gauchissement.

Le mode de suspension de cette sorte de nacelle constitue une innovation intéressante. Par sa légèreté, il permet un montage et un démontage des plus faciles ; les vibrations sont très efficacement atténuées et l'on n'a pas à redouter les réactions brutales que les impulsions motrices ou les effets gyroscopiques peuvent avoir sur l'inertie de l'ensemble.

Gouvernail de direction. — Le gouvernail de direction est constitué par une surface verticale pivotant entre deux charnières de cuir maintenues respectivement en position par des câbles, sur une poutre armée Fabre placée verticalement.

Il se trouve en avant de l'empennage et supporte, par un joint en cuir formant rotule, la béquille qui soulage l'arrière de l'appareil.

Tels sont, brièvement résumés, les principaux éléments de cet aéroplane original.

Il est à noter que malgré son aspect extérieur volumineux, l'appareil Paulhan est très facilement démontable en pièces faciles à transporter.

De plus, le nombre des fils et câbles de commande est considérablement réduit, en sorte que le réglage de la machine est rapidement effectué et aussi constant que possible.

Enfin, il est très facile de protéger les parties délicates de l'aéroplane et le peu de volume qu'il occupe une fois démonté joint à sa robustesse le rendent particulièrement propre au tourisme aérien en pays difficile.

Résumé des caractéristiques :

Envergure : 12 mètres.
Surface portante : 29 mq.
Longueur : 10 mètres.
Longueur antéro-postérieure des ailes : 1ᵐ,50.
Type du moteur : Gnôme.
Puissance du moteur : 50 chevaux.
Type de l'hélice : Drzewiecki.
Diamètre : 2ᵐ,50.
Pas : 1ᵐ,80.
Vitesse : 1.200 tours.
Vitesse de l'appareil : 80 kilom.
Poids total non monté : 380 kilos.
Poids utile enlevé : 230 kilos.
Poids en ordre de marche : 610 kilos.
Poids porté par mq : 21 kilos.

M. Paulhan a également établi un aéroplane dans lequel la charpente en bois est remplacée par des tubes d'acier. Cet appareil lui a donné toute satisfaction.

L'Aéroplane DE PISCHOF

Au meeting de Budapest en juin 1910, au Mont Saint-Michel en août et au meeting de Reims de la même année, M. de Pischof exécuta avec l'appareil dont il est l'inventeur plusieurs vols très remarquables.

L'appareil de M. de Pischof ne saurait être mieux comparé qu'à un châssis léger d'automobile au-dessus duquel aurait été adapté un planeur avec empennage, le centre de gravité de l'ensemble ayant été exceptionnellement abaissé.

Nous connaissons déjà plusieurs appareils à centre de gravité très bas, le Santos-Dumont, le Grade, appartiennent à cette catégorie, mais l'appareil de Pischof est, par ses dimensions et son aménagement, à classer dans une série absolument distincte.

Il semble, à première vue, résulter de cette disposition une tendance aux oscillations pendulaires prolongées.

Mais la pratique a prouvé que cette crainte était absolument vaine et qu'au contraire la conduite était facilitée, car les redressements dans le vent se font la plupart du temps automatiquement ; il est vrai qu'un panneautage double de dérive tendu à l'avant du châssis porteur y contribue beaucoup.

En fait, l'appareil de Pischof est très stable pendant le vol, encore que son poids soit pour un monoplan de surface portante moyenne assez élevé, puisqu'il atteint à vide 365 kilogr.

Cet aéroplane se distingue de la plupart des monoplans par l'emplacement de son hélice à l'arrière des ailes. Le propulseur est d'autre part muni d'un embrayage.

Il est constant que la plupart des constructeurs ont placé l'ensemble moto-propulseur à l'avant des monoplans, dans le but de réaliser tout à la fois la confusion des centres et le minimum d'organes de transmission mécanique.

DE PISCHOF

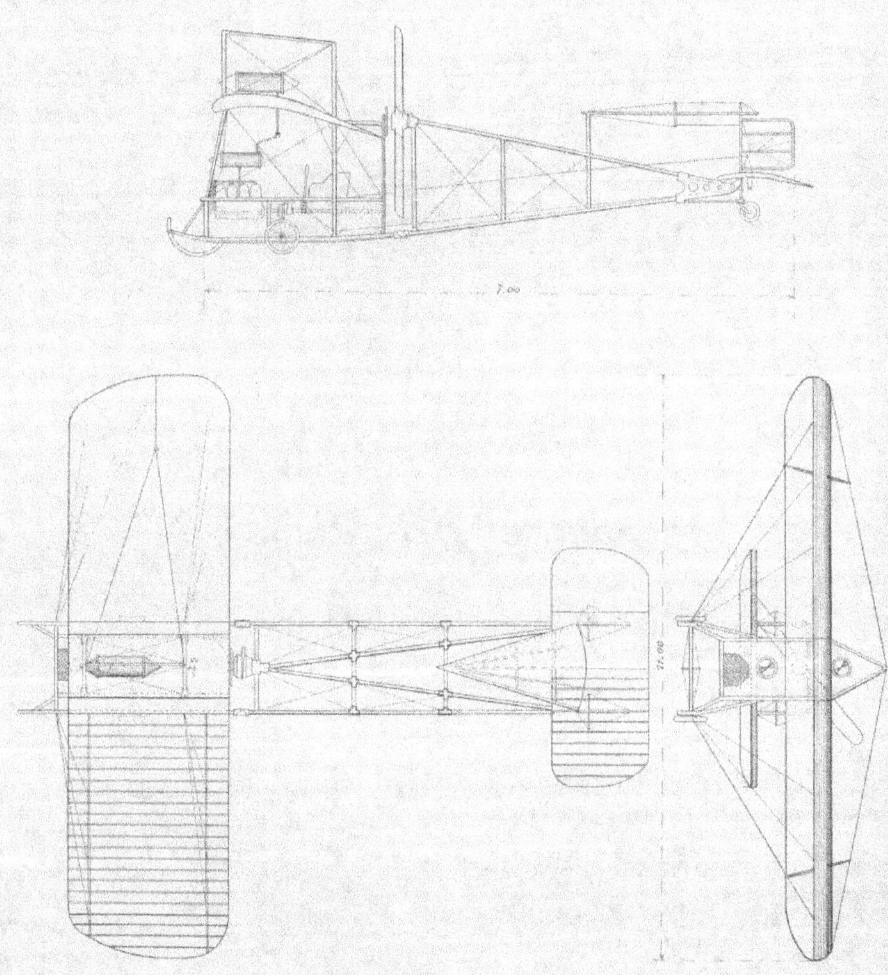

Cependant l'hélice placée à l'arrière dans les principaux biplans est de fort bon rendement et les remous développés semblent être amoindris dans leur action parasite, ne rencontrant plus la voiture. Il est bon d'ajouter que le cylindre d'air aspiré par l'hélice est ici utilisé dans sa presque totalité et que son centre d'aspiration est très voisin du centre de poussée de l'air sur les ailes, d'où tendance au redressement. Enfin, le pilote n'a pas à subir l'influence du refoulement.

L'aéroplane de Pischof, du type monoplan, se compose de :

Les ailes ou surfaces portantes ;
Le fuselage ou corps fuselé ;
Le train amortisseur ou châssis ;
L'empennage ou queue stabilisatrice ;
Le dispositif de stabilité transversale ;
Le gouvernail d'altitude ;
L'ensemble moto-propulseur ;
Le poste du pilote ;
Le gouvernail de direction.

Ailes ou surfaces portantes. — Les ailes se divisent en trois parties distinctes. La partie médiane fait corps avec le châssis portant le moteur et le poste du pilote. Les deux parties latérales sont démontables pour pouvoir être repliées lors du transport.

Leur surface portante est de 22 mq.

Elles sont maintenues fixées par des tenons et des mortaises pratiqués dans la charpente de chacune d'elles et leur rigidité est assurée par un haubanage double en dessus et en dessous.

Constituées par des longerons et des nervures tendus d'étoffe caoutchoutée, les ailes présentent une courbure parabolique dont la concavité intérieure est environ 1/27 de la longueur antéro-postérieure.

En outre, les extrémités des ailes sont légèrement relevées à l'arrière et vers l'extérieur et ce relèvement, indépendamment du galbe qu'il crée, contribue à la régularité du vol en augmentant encore le couple de stabilité transversale. L'envergure est de 11 mètres et la longueur antéro-postérieure de 9 mètres.

Fuselage ou corps fuselé. — Le fuselage réunissant les plans porteurs et l'empennage comprend trois séries de longerons : les longerons porteurs placés à la partie inférieure dans une position normalement horizontale et parallèle ; deux autres longerons obliques partent de l'extrême arrière et viennent se réunir en un point situé à l'arrière des plans porteurs et à 0m25 au-dessus ; enfin, deux autres tiges réunissent les brancards inférieurs du châssis au sommet formé par les quatre premiers longerons.

L'ensemble forme un tétraèdre quadrangulaire avec étrésillonnements métalliques.

Au sommet du tétraèdre est fixée une traverse dont le double but est de soutenir partiellement la voiture et de servir en même temps, par sa direction parallèle à l'axe longitudinal, de fusée pour le roulement à billes de l'hélice.

La longueur du fuselage est de 4m50.

Train amortisseur ou châssis. — Le châssis se compose d'un solide cadre en frêne, dans l'avant duquel le moteur est installé sur un petit châssis spécial, à 1m50 environ en dessous de la voiture, et très solidement assujetti.

Ce petit châssis est formé de montants dont le prolongement vient se fixer sur les patins reliés eux-mêmes aux longerons du fuselage vers l'arrière.

Entre les patins et les longerons qui donnent à la plate-forme l'aspect d'un châssis d'automobile, sont tendus les panneaux de dérive destinés à compenser l'effet pendulaire, le tout constituant au moment de l'essor une sorte de nacelle suspendue aux ailes et pouvant rouler sur le sol grâce aux deux roues fixées aux patins avant et à deux patins montés sur l'arrière du fuselage, le tout suspendu avec caoutchouc.

Dans le châssis se trouvent également côte à côte les sièges du pilote et du passager, très efficacement garantis contre les chocs, par leur situation à l'intérieur d'une charpente très robuste.

Un arc en frêne augmente à l'avant l'élasticité des patins.

Empennage ou queue stabilisatrice. — L'empennage ou queue stabilisatrice est constitué par une surface de mêmes forme et structure que la surface portante principale et mesurant 4 mètres sur 1m25 soit 5 mq.

La courbure et l'incidence de cet empennage sont réglées sur celles de la surface principale, en sorte qu'il contribue en même temps à l'équilibre et à la sustentation de l'appareil.

Dispositif de stabilité transversale. — La stabilité transversale est assurée d'abord par le gauchissement de la totalité de la surface portante, gauchissement dont la commande se fait du poste du pilote, mais que les réactions latérales rendent presque automatique, car en cas de pression exagérée sous un côté de l'aile, un ressort de rappel agit opportunément pour en opérer la déformation compensatrice.

D'autre part, un petit plan de dérive est établi au-dessus de l'empennage stabilisateur; enfin, les panneaux disposés sur les côtés du châssis, concourent au redressement de l'ensemble.

Gouvernail d'altitude. — Le gouvernail d'altitude est constitué par deux parties juxtaposées à l'empennage stabilisateur et formant ailerons. Ils sont fixés sur deux tubes en acier servant d'axes; ces deux tubes sont réunis par un manchon servant de levier de manœuvre et relié par des câbles au poste du pilote.

Ensemble moto-propulseur. — Le moteur est un 50 chevaux 8 cylindres en V disposé à l'avant du châssis, comme nous l'avons expliqué plus haut.

A l'avant se trouve un radiateur et la manivelle de mise en marche comme dans les châssis d'automobile.

A l'arrière du moteur est disposé un embrayage à cône cuir de grand diamètre, d'une sécurité absolue, puis un joint élastique permettant le jeu du châssis porteur, et enfin un arbre creux portant à son extrémité un pignon à chaîne.

Cet arbre, qui passe entre les deux sièges aménagés dans le poste du pilote, commande l'hélice fixée comme nous l'avons dit au bout du longeron axial.

L'embrayage offre l'avantage de permettre la mise en marche du poste du pilote.

L'hélice est en bois à deux pales, elle tourne en arrière du plan sustentateur, son diamètre est de 3m00 et son pas 1m60, elle tourne à une vitesse de 800 à 1.000 tours, imprimant à l'aéroplane une vitesse de 85 kilom. à l'heure.

Poste du pilote. — Installé dans le châssis et très protégé par la charpente, le poste du pilote comprend deux sièges et les leviers de commande.

La commande de l'altitude et du gauchissement se fait par un levier et volant.

La commande du gouvernail de direction se fait par pédale. D'autres leviers commandent l'embrayage et les auxiliaires du moteur.

Gouvernail de direction. — Le gouvernail de direction est formé de deux petits plans verticaux mobiles autour d'axes fixés à l'aplomb de l'essieu situé à l'arrière du fuselage.

Résumé des caractéristiques :

Envergure : 11 mètres.
Longueur antéro-postérieure des ailes : 9 mètres.
Surface portante totale : 27 mq.
Longueur de l'appareil : 9 mètres.
Type du moteur : 8 cylindres en V.
Puissance du moteur : 50 chevaux.
Diamètre de l'hélice : 3m00.
Pas de l'hélice : 1m60.
Vitesse : 800 à 1.000 tours.
Vitesse de l'appareil : 85 kilom.
Poids total non monté : 365 kilogr.
Poids porté par mq à vide : 13kg500.

L'Aéroplane SANTOS=DUMONT

Il n'est pas exagéré de dire que M. Santos-Dumont est le principal auteur du mouvement actuel. C'est à lui qu'est due la consécration du dirigeable et c'est lui encore, qui en France, accomplissant le premier à Bagatelle un vol de quelques mètres avec un appareil plus lourd que l'air, démontra la possibilité d'utiliser ce principe dont les applications ultérieures devaient bouleverser le monde entier (novembre 1906).

Les premiers appareils de M. Santos-Dumont ont été trop de fois décrits pour que nous en rappelions ici les caractéristiques; nous devons toutefois consacrer une notice spéciale à l'aéroplane Santos-Dumont nº 20, plus connu sous le nom de la « Demoiselle » et avec lequel le célèbre aviateur accomplit, au printemps 1909, plusieurs vols fort intéressants, dont un en rase campagne, de 2 kilomètres, le 5 avril 1909.

Le 13 septembre 1909, M. Santos-Dumont, qui semblait s'être systématiquement tenu à l'écart des manifestations aéronautiques, effectuait sur son petit monoplan un vol extraordinaire de 8 kilomètres en 5 minutes, soit plus de 90 kilomètres à l'heure.

Parti de Saint-Cyr, il traversait la vallée au-dessus des champs et des arbres et atterrissait à Buc, alors que les plus expérimentés pilotes avaient mis au défi l'intrépide aviateur d'exécuter un vol à grande distance sur son minuscule appareil.

Ce jour, par un vent de 7 mètres à la seconde, M. Santos-Dumont réussit à enlever la « Demoiselle » au bout de 70 mètres de lancée et, s'élevant progressivement à 50 ou 60 mètres de hauteur, il passa au-dessus du clocher de Rocquencourt à 90 kilomètres à l'heure, accomplit sans encombre plusieurs virages et atterrit facilement.

Signalons que, dans un geste de belle générosité, M. Santos-Dumont abandonna tous ses droits sur les brevets dont la « Demoiselle » fait l'objet, et que

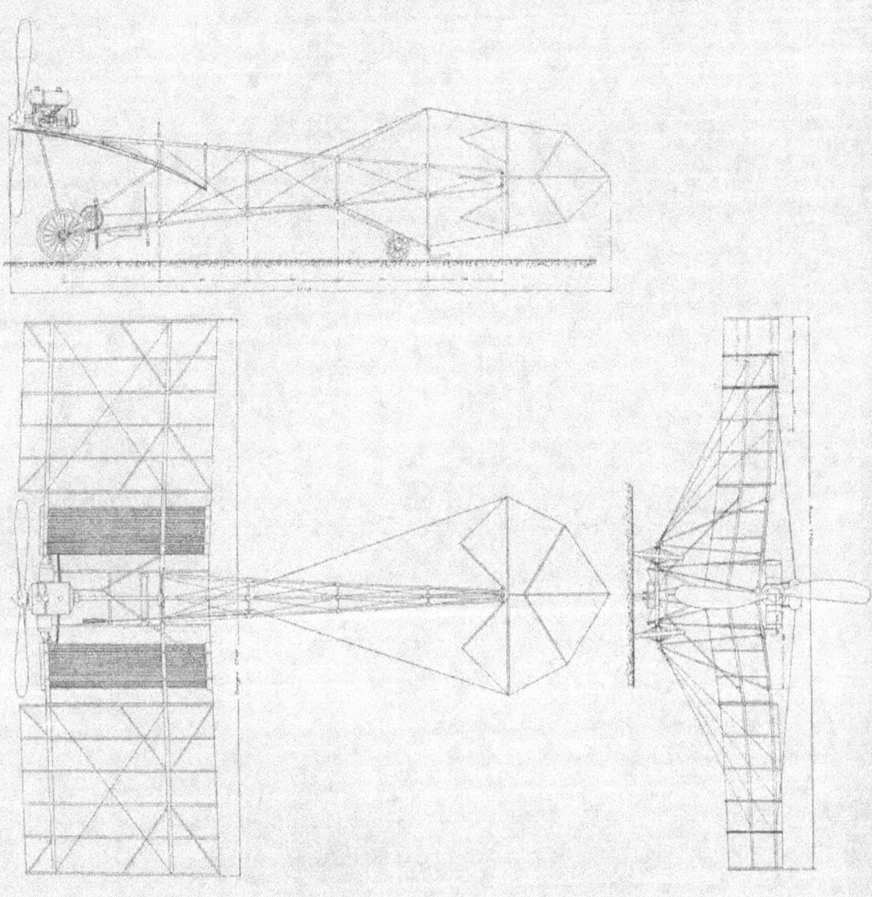

son appareil, le plus léger, le moins coûteux à établir (5,000 francs), peut l'être parmi tous les constructeurs.

La « Demoiselle » de Santos-Dumont est un minuscule monoplan dont la simplicité et la légèreté sont remarquables.

Il est en outre caractérisé par un abaissement particulier du centre de gravité, rendu possible et nécessaire par la légèreté de l'ensemble.

En suspendant à 1 mètre au-dessous du centre de sustentation le centre de gravité de son appareil, M. Santos-Dumont créa un couple de stabilité relativement considérable et, d'autre part, le V des ailes diminue dans la plus grande mesure possible les chances de chavirement de l'appareil.

M. Vuia a construit à la même époque que M. Santos-Dumont un aéroplane dont le principe se rapprochait de celui de la « Demoiselle ». La forme et la disposition des ailes étaient cependant différentes. Pendant l'année 1910, nombreux furent les pilotes séduits par l'extrême simplicité et la grande légèreté de la « Demoiselle » construite dans les ateliers Clément à Levallois.

Nous citerons l'intrépide et habile Audemars qui sut, dans différents meetings et tout dernièrement encore en Amérique, mettre en relief les qualités du léger appareil par de brillantes exhibitions.

Le stand Clément au Salon de 1910 contenait deux appareils type « Demoiselle » qui furent très remarqués.

Ailes ou surfaces portantes. — Les ailes ou surfaces portantes sont composées de trois parties juxtaposées. Une partie médiane légèrement surbaissée est fixée au-dessus du châssis, sa largeur est de deux mètres ; immédiatement au-dessus de son bord antérieur se trouve installé le moteur.

Du cadre de fixation du moteur partent en V deux tubes qui assurent la rigidité de la surface médiane et sont au sommet connexés avec le tube formant l'arête supérieure du fuselage.

Les deux surfaces latérales ont une largeur de 1m,60 environ ; elles sont formées chacune par un solide longeron avant et des nervures qui vont en s'amincissant vers le bord postérieur, afin de donner aux ailes l'élasticité nécessaire au gauchissement.

L'ossature ainsi constituée est recouverte de tissu caoutchouté et un haubanage en fils d'acier doublés assure la suspension du châssis aux ailes, tandis que des câbles de commande relient les bords postérieurs au poste du pilote.

L'envergure des ailes est d'environ 5m,20 et leur longueur antéro-postérieure de 2 mètres.

La surface portante totale de l'appareil est de 10mq,50.

Les ailes forment un léger dièdre par suite de la forme en V très ouvert du plan médian, elles sont légèrement arquées dans les deux sens longitudinal et transversal et leur incidence est de 7° lorsque l'appareil roule sur le sol.

Fuselage ou corps fuselé. — Le fuselage est constitué par une poutre en tubes d'acier de section triangulaire et d'une largeur de 5 mètres environ. À son extrême avant, ce fuselage porte un solide bâti venant à l'aplomb des tubes constituant le châssis porteur et destiné à recevoir le moteur.

Train amortisseur ou châssis. — Le châssis est constitué par un cadre de tubes d'acier dont deux ont leur point d'attache sous les ailes à l'avant, deux à l'arrière et quatre au cadre de support du moteur. Ces tubes sont, d'autre part, réunis à un essieu porteur muni de deux roues et sur lequel viennent également s'appuyer les deux tubes inférieurs du fuselage.

Un solide patin fixé également après le châssis permet d'éviter le capotage et protège l'hélice.

Une troisième roue placée à l'arrière du fuselage permet le lancement de l'appareil en roulant sur le sol.

Empennage ou queue stabilisatrice. — L'empennage ou queue stabilisatrice est constitué par un plan polygonal échancré vers l'avant et terminé en pointe ; ce plan, qui forme avec l'empennage vertical un ensemble en forme de croix, est monté de telle façon qu'on en puisse varier l'incidence ; il tient ainsi lieu de gouvernail d'altitude.

Dispositif de stabilité transversale — Le dispositif de stabilité transversale réside dans la flexibilité des ailes dont le gauchissement est obtenu par le pilote au moyen de câbles reliés à son corps.

En raison, d'autre part, de l'abaissement considérable du centre de gravité, le couple de redressement compense largement les tendances aux fortes inclinaisons.

Enfin, à l'arrière du fuselage se trouve une surface verticale qui fait à la fois office de plan de dérive et de gouvernail de direction.

Gouvernail d'altitude. — Le gouvernail d'altitude est constitué par l'empennage horizontal arrière dont le pilote peut à son gré faire varier l'incidence.

Ensemble moto-propulseur. — L'ensemble moto-propulseur est placé au sommet et à l'avant du fuselage, il surplombe le siège du pilote et comporte un moteur Clément à deux cylindres horizontaux opposés, dont les extrémités reposent sur les ailes.

Ce moteur ne possède pas de volant, c'est l'hélice qui, clavetée directement sur le vilebrequin, en tient lieu.

La magnéto d'allumage est également placée à l'avant et commandée directement en bout du vilebrequin.

Le refroidissement a lieu par eau.

L'hélice en bois à deux pales a un diamètre de 1m,50 et un pas de 1m,05, elle tourne à 1.450 tours, absorbant à peu près 30 chevaux pour imprimer à l'aéroplane une vitesse de 70 à 80 kilomètres. Le moteur pèse 52 kilos tout équipé.

Poste du pilote. — Le pilote est assis très bas, dans le fuselage même et sur un siège formé simplement d'une sellette tendue avec barre d'appui pour les pieds à l'avant.

Il a à sa portée tous les organes de manœuvre.

De la main droite, il actionne un levier qui commande le gouvernail d'altitude pour obtenir la montée ou la descente.

De la main gauche, il actionne un volant vertical qui commande le gouvernail de direction.

En raison de l'exiguïté de l'espace ménagé pour le pilote, et aussi pour arriver à une utilisation rationnelle de l'instinct d'équilibre, la stabilisation transversale est obtenue par l'intermédiaire d'une douille fixée au dos du vêtement de l'aviateur.

Cette douille lui permet de commander en inclinant son corps d'un côté ou de l'autre le mécanisme de gauchissement des ailes, qui sert à faciliter les virages en évitant de très fortes inclinaisons de l'appareil.

Il y a donc, à ce moment, combinaison du déplacement opportun du centre de gravité par le déplacement du corps du pilote et de la formation des surfaces, pour rétablir l'équilibre transversal.

A l'extrémité des leviers de commande de montée et de descente se trouve un bouton qui sert à arrêter le moteur en coupant l'allumage.

L'aviateur commande par le pied droit une pédale d'accélérateur qui sert à régler la marche du moteur.

Enfin, au dessus de la tête du pilote se trouve une tirette qui lui sert à mettre le moteur en marche et qui commande l'avance et le retard de la magnéto.

Gouvernail de direction. — Le gouvernail de direction est constitué par l'empennage vertical arrière, dont le pilote fait varier l'orientation au moyen d'un volant spécial.

On voit que les constructeurs de ce petit appareil ont su, malgré le peu d'espace dont ils disposaient, réunir tous les éléments de fonctionnement de la façon la plus heureuse.

L'aéroplane Santos-Dumont est vraiment l'appareil de vulgarisation, car il répond aux désirs du plus grand nombre, possédant les multiples avantages du moindre encombrement, du prix modique, de la conduite et du garage faciles.

Il est actuellement l'instrument le plus pratique pour les débutants et les amateurs de petit tourisme.

Résumé des caractéristiques:

Surface portante : 12 mq.
Envergure : 5m,20.
Longueur antéro-postérieure des ailes : 2 mètres.
Longueur de l'appareil : 8 mètres.
Type du moteur : Clément.
Puissance du moteur : 35 chevaux.
Diamètre de l'hélice : 1m,50.
Pas de l'hélice : 1m,05.
Vitesse de l'hélice : 1.450 tours.
Vitesse d'avancement : 80 kilom. à l'heure.
Poids total en ordre de marche : 120 kilogr.
Poids du moteur : 55 kilogr.
Poids porté par mq. : 10 kilogr.

(non monté)

L'Aéroplane SLOAN

Depuis deux ans que l'aviation est née, les constructeurs se sont appliqués pour la plupart, et d'une façon exclusive, à la recherche et à la construction de l'aéroplane qui donnera les plus grandes vitesses, et cela surtout, dans le but de gagner les prix qui ont été institués pour encourager l'aviation.

Il convient donc de féliciter hautement les constructeurs qui ont concentré tous leurs efforts dans l'étude de la sécurité des aviateurs, car il y a un réel mérite à négliger cette tentation pour doter l'aviation de la sécurité qui seule est susceptible de la rendre pratique.

C'est cette recherche toute particulière qui caractérise le « Bicurve Sloan ».

Cet appareil, d'un type tout nouveau, se compose de deux plans superposés, parallèles entre eux dans le sens longitudinal mais allant en se rapprochant vers l'extrémité des ailes qui, toutes les deux, sont incurvées vers le sol pour former parachute.

Les éléments principaux du Bicurve Sloan sont :

Le plan porteur curviligne ;

Le plan stabilisateur curviligne ;

L'empennage stabilisateur longitudinal ;

Le fuselage ;

Le châssis d'atterrissage ;

Les organes propulseurs ;

Les gouvernails d'altitude ;

Le gouvernail de direction ;

Les ailerons stabilisateurs transversaux.

Les plans porteurs curvilignes. — Les deux ailes inférieures de l'appareil que nous considérons comme constituant le plan sustentateur de l'appareil affectent la forme du dièdre à grande ouverture, mais les bouts des ailes forment une retombée vers

SLOAN

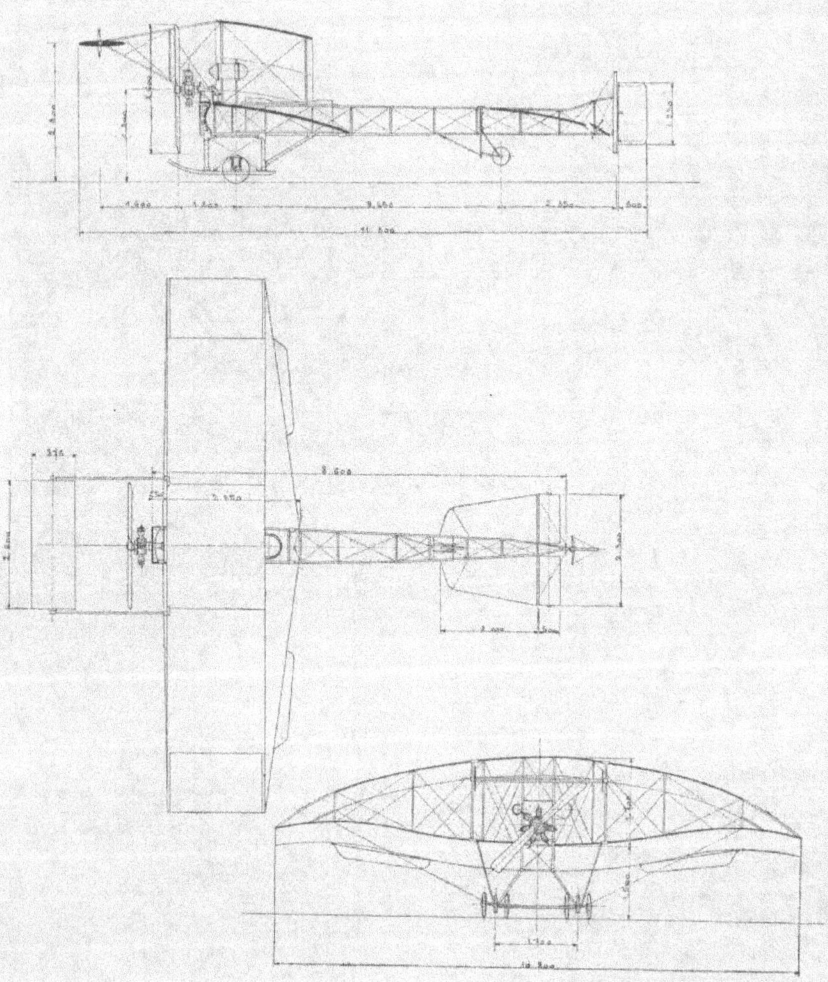

le sol de façon à retarder la fuite latérale de l'air pendant la descente en vol plané.

Il résulte de cette disposition particulière que, pour un poids déterminé, avec une surface portante égale, la descente verticale de l'appareil se trouvant retardée par cette disposition spéciale est moins rapide et forme en quelque sorte parachute.

Une des caractéristiques de cet appareil est la suppression totale des haubans, devenus absolument inutiles par suite de la liaison des plans sustentateurs inférieurs avec le plan stabilisateur supérieur, laquelle conjonction forme une véritable poutre armée absolument indéformable.

L'envergure totale de ses ailes est de 10ᵐ,65, la largeur de l'aile qui, près du fuselage, a 2ᵐ,90, n'a plus que 2 mètres vers les extrémités.

Le plan stabilisateur curviligne. — A 1ᵐ,40 au-dessus de la naissance des plans sustentateurs inférieurs se trouve placé le plan stabilisateur.

Ce plan stabilisateur décrit une parabole dont les extrémités vont rejoindre l'extrémité des ailes inférieures.

Ce plan supérieur est réuni aux plans inférieurs par une série de montants raidis par des fils d'acier en croix de Saint-André de sorte que l'ensemble des plans porteurs inférieurs et du plan stabilisateur supérieur forme une poutre armée indéformable qui dispense l'appareil des haubans dont la rupture a causé des accidents terribles qui sont encore présents à toutes les mémoires.

Le plan stabilisateur supérieur a une largeur uniforme de 2 mètres sur toute sa longueur, mais il n'est couvert de toile que sur une longueur de 8ᵐ,40 de sorte qu'il reste un espace libre entre l'extrémité du plan stabilisateur et l'aile sustentatrice placée en dessous.

La position relative de ces deux plans curvilignes donne une stabilité automatique transversale puissante pendant la marche; et, à la descente en vol plané, l'appareil se comporte à la manière d'un parachute.

L'empennage stabilisateur longitudinal. — A l'extrémité arrière du fuselage se trouve placé l'empennage stabilisateur dont la surface est d'environ 3 mètres carrés.

Cet empennage comporte un seul plan fixe à l'extrémité arrière duquel se trouve placé le gouvernail de profondeur arrière.

Ce stabilisateur étant situé très loin du centre de gravité concourt puissamment au maintien de l'équilibre longitudinal et son angle d'incidence est tel qu'il n'offre pas une résistance importante à la pénétration.

Le fuselage. — Le fuselage de l'appareil est constitué par une poutre armée légère composée de longerons et de montants verticaux raidis par des tendeurs.

La forme de cette poutre quadrangulaire est conique de la tête à la queue, mais elle s'infléchit en haut par une courbe, de suite après l'empennage fixe afin de pouvoir constituer par sa hauteur un point de fixation pratique et solide pour le gouvernail de direction placé à l'arrière.

L'ensemble du fuselage forme un tout d'une très grande rigidité. Les montants et les longerons sont assemblés chacun soit par des frettes, soit par des brides d'assemblage en aluminium dans lesquelles sont encastrés les montants et les longerons, de telle sorte que l'ensemble du fuselage, tout en étant très léger, offre le maximum désirable de solidité.

Le châssis d'atterrissage. — Le châssis d'atterrissage comprend : le châssis proprement dit, qui est fixé sous le fuselage au moyen de raccords spéciaux en aluminium et dans lequel toutes les pièces sont encastrées comme pour le fuselage; les patins amortisseurs qui forment la partie inférieure du châssis d'atterrissage; les trains de roues utilisés pour le lancement et l'atterrissage, et le dispositif des ressorts amortisseurs.

L'ensemble de ce châssis d'atterrissage forme un tout excessivement rigide au-dessous duquel les roues sont éminemment souples, grâce à l'heureuse disposition des ressorts formant le dispositif d'amortissage.

Ces roues sont montées sur un axe muni d'un joint universel qui permet aux roues de prendre n'importe quelle position suivant les inégalités du terrain de lancement ou d'atterrissage.

Les 4 roues peuvent donc prendre simultanément quatre positions différentes et permettre ainsi un lancement ou un atterrissage dans les terrains les plus défavorables.

Les organes propulseurs — Le Bicurve Sloan a été équipé avec différents systèmes de moteurs : d'abord un moteur Labor Aviation de 35 HP; puis ensuite un moteur Gnôme de 50 HP;

Ces deux moteurs sont trop connus pour qu'il soit intéressant d'en faire la description.

Dans le Bicurve n° 1 la propulsion était assurée par deux hélices, une tournant à droite et l'autre à gauche et commandées par chaînes. Ces hélices étaient démultipliées en vue d'augmenter le rendement.

Dans le Bicurve n° 2, qui était au Salon de l'Aviation, une seule hélice centrale était appliquée fixée directement sur l'axe du moteur.

Les caractéristiques de cette hélice sont :

Diamètre : 2ᵐ,60 ; pas : 1ᵐ,60; vitesse : 1.200 tours.

Les gouvernails d'altitude. —Deux dispositions sont adoptées au gré des aviateurs :

Une première disposition consiste à avoir un gouvernail d'altitude en avant et un gouvernail d'altitude en arrière.

Ces deux gouvernails sont conjugués ensemble et agissent simultanément, c'est-à-dire que, pour monter, on donne une incidence positive au gouvernail d'avant et une incidence négative au gouvernail d'arrière ; ce mouvement est opéré par la seule inclinaison du volant de manœuvre.

Pour descendre, le mouvement est inverse ; c'est-à-dire que l'incidence du gouvernail avant devient négative et celle du gouvernail arrière positive.

Cette disposition donne d'excellents résultats.

La deuxième disposition, qui est préférée par certains aviateurs, consiste à n'avoir qu'un seul gouvernail de profondeur, lequel se trouve placé juste à l'arrière de l'empennage de la queue. Dans ce cas, ce gouvernail a une surface un peu plus grande que dans le cas de la première combinaison.

Le gouvernail de direction. — Le gouvernail de direction est placé tout à fait à l'arrière et au-dessus de l'empennage fixe. Il évolue de droite à gauche sur deux tourillons solidement fixés sur l'extrémité du fuselage.

Il est actionné par un palonnier horizontal.

Les ailerons stabilisateurs. — Le stabilisateur fixe automatique placé au-dessus des plans sustentateurs donne, ainsi que nous l'avons dit, une grande stabilité transversale, d'où il résulte que l'on a très peu besoin d'ailerons.

Ceux du Bicurve sont d'une très faible surface, ils sont placés en continuation des deux plans sustentateurs.

Ces ailerons sont manœuvrés ensemble d'une façon inverse, c'est-à-dire que lorsqu'on baisse un aileron, on lève l'autre de façon à ce que l'on ait une incidence positive quand l'autre a une incidence négative et *vice versa*, de sorte que leurs efforts de redressement s'additionnent.

Organes de commande. — Les organes de commande sont de la plus extrême simplicité.

Le pilote se trouve confortablement assis dans une cabine placée derrière les ailes. Il a devant lui un volant fonctionnant dans quatre directions. La direction avant-arrière pour monter ou descendre et la direction droite gauche pour rétablir l'équilibre s'il y a lieu. Ces mouvements sont combinés de façon à ce qu'ils s'opèrent par réflexe d'une façon tout instinctive.

Pour la direction, le pilote a un palonnier aux pieds qui fait marcher soit à droite, soit à gauche, le gouvernail de direction.

Résumé des caractéristiques

Bicurve à deux places en tandem.
Surface portante : 49 mètres carrés.
Envergure : 10ᵐ,65.
Longueur du fuselage : 8ᵐ,60.
Moteur actuel Gnôme 50 HP.
Hélice Sloan, diamètre : 2ᵐ,60 ; pas : 1ᵐ,60.
Poids de l'appareil complet : 391 kilogrammes.
Vitesse du moteur : 1.200 tours.
Vitesse moyenne de l'appareil : 75 kilomètres à l'heure.

L'Aéroplane SOMMER

Ancien élève de M. Henri Farman, M. Roger Sommer s'est adonné lui-même à la construction des appareils d'aviation.

Il y a pleinement réussi et nombreux sont les pilotes des aéroplanes Sommer qui ont remporté de brillants succès au cours des différents meetings. Pendant la grande semaine de Reims, les biplans Sommer effectuèrent de fort beaux vols pilotés par les aviateurs Legagneux et Lindpaintner.

Nous donnons ci-dessous la description d'un des appareils engagés à la semaine de Champagne.

L'appareil Roger Sommer est du type biplan et comporte :

Les plans porteurs ;

L'empennage ou queue stabilisatrice ;

Le gouvernail d'altitude ;

Le fuselage ;

Le dispositif de stabilité transversale ;

Le train amortisseur ;

L'ensemble moto-propulseur ;

Les organes de commande ;

Le gouvernail de direction.

Plans porteurs. — Les plans porteurs sont complètement rigides, recouverts dessous et dessus de toile caoutchoutée.

Ils présentent une cavité inférieure très nettement accentuée comme dans l'appareil Wright, avec lequel ils offrent une certaine analogie.

Leur section longitudinale est étudiée pour obtenir le minimum de résistance à l'avancement. Leur envergure est de 10 mètres et leur surface totale de 31^m,2.

Les quatre longerons qui relient les plans principaux à la cellule arrière sont fixés de telle façon qu'ils peuvent être rabattus parallèlement aux plans porteurs, ce qui permet un repliage très rapide de l'appareil.

Empennage ou queue stabilisatrice. Cet empennage est extrêmement léger. Il est constitué par un seul plan de 5^m,2, dont le pilote peut faire varier l'incidence pendant la marche, assurant ainsi une stabilité longitudinale parfaite.

La commande de ce plan s'effectue au moyen d'un

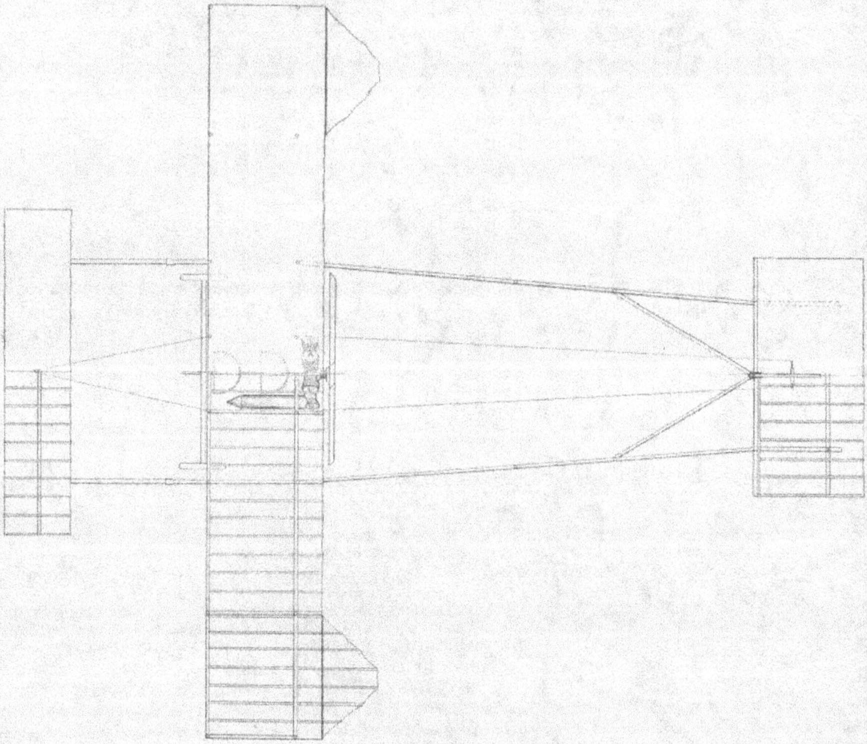

volant muni d'un autobloc placé près du pilote et à sa gauche.

Ce dispositif breveté est extrêmement ingénieux ; il permet la conduite de l'aéroplane et son maintien dans un plan fixe sans effort d'aucune sorte.

Gouvernail d'altitude. — Le gouvernail d'altitude est placé à 2m,50 en avant des plans principaux. Il est monté sur trois supports et établi sans solution de continuité, ce qui permet de diminuer la surface.

Par suite de sa courbure et de sa position, son efficacité est remarquable, tout en permettant une action très modérée.

Fuselage. — Le fuselage est composé d'une charpente légère et solide qui offre cette particularité d'être presque entièrement repliable par des rabattements appropriés. L'empennage arrière est soutenu par un patin double, démontable, qui permet de décrocher le plan qui le compose, le support venant se rabattre contre les longerons des plans principaux, ce qui permet à l'ensemble de n'avoir plus comme largeur que la profondeur desdits plans.

D'autre part, un montage élastique des montants inférieurs sur les patins, qui forment ainsi un train d'atterrissage, assure un amortissage efficace des chocs.

Dispositif de stabilité transversale. — La stabilité transversale est assurée au moyen d'ailerons montés sur le bord postérieur et externe du plan supérieur, principe identique à celui appliqué dans l'aéroplane Henri Farman. Ces ailerons sont commandés par le déplacement du corps du pilote.

Dans certains appareils, mais d'une façon plus générale par la commande d'un levier unique que le pilote déplace de gauche à droite ou réciproquement, suivant le sens d'inclinaison de l'appareil à obtenir.

Ce levier est d'ailleurs le même qui sert à la manœuvre du gouvernail d'altitude par déplacement d'avant en arrière ou inversement.

Les ailerons pivotent suivant un axe perpendiculaire au sens de la marche.

Leur action se traduit par la création d'un couple de redressement lorsque le pilote les manœuvre opportunément dans un virage ou contre un courant aérien.

Train amortisseur. — L'appareil Sommer est monté très bas sur un chariot porteur qui comporte des roues et des patins. Quatre supports rigides fixent le dessous de l'appareil sur ce châssis mixte.

A l'atterrissage, le choc est amorti de plusieurs façons puisque, à l'élasticité des pneumatiques et des bagues de suspension, vient s'ajouter celle du patin et de l'amortisseur élastique Sommer pour lequel l'inventeur a pris un brevet spécial.

Cet amortisseur élastique est une adroite combinaison de barres horizontales flexibles et de 4 ressorts disposés en deux groupes sur lesquels viennent s'appuyer les montants verticaux supportant l'appareil.

L'ensemble moto-propulseur. — L'aéroplane Sommer est muni d'un moteur Gnôme 50 chevaux qui actionne directement une hélice intégrale de 2m,50 de diamètre et 1m,30 de pas, tournant à 1.100 tours, ce qui permet d'imprimer à l'appareil une vitesse de 75 à 80 kilomètres à l'heure.

Organes de commande. — Le pilote est placé à la partie avant du plan porteur inférieur. Il a sous la main les leviers de manœuvre du moteur, un volant à blocage automatique qui commande l'empennage stabilisateur ; une pédale lui permet de commander le gouvernail de direction. Enfin, son siège mobile transversalement est relié par un ensemble de câbles et de galets avec les ailerons stabilisateurs.

Gouvernail de direction. — Le gouvernail vertical ou de direction se compose d'un plan situé en avant de l'empennage stabilisateur et entre les montants du fuselage.

MONOPLAN SOMMER

M. Roger Sommer a construit également un monoplan duquel nous devons dire quelques mots, car il correspond aux dernières étapes du perfectionnement dans la construction.

Les ailes, d'une envergure de 10m,50 et d'une surface portante de 17 mètres carrés, sont formées de longerons creux en bois plaqué, collé et vissé sur trois épaisseurs de frêne, et tendus, avec nervures de toile caoutchoutée.

Le fuselage, tout en frêne, a 9 mètres de longueur et supporte l'empennage de même principe que celui du biplan.

Le gouvernail d'altitude est à l'extrémité de l'empennage et le gouvernail de direction à l'extrême arrière.

La poutre principale est en profil d'I avec deux plaquages latéraux constituant un ensemble de résistance triple à celle de l'effort normal.

Les haubans et les commandes sont doublés.

La manœuvre est la même que dans le biplan.

Le moteur est un Gnôme, l'hélice une « Rapid ».

Vitesse obtenue : 90 à l'heure. Le poids de l'appareil équipé est de 265 kilogrammes.

Résumé des caractéristiques du biplan.

Surfaces portantes : 31 mq.
Euvergure : 10 mètres.
Longueur antéro-postérieure des surfaces : 1ᵐ,50.
Longueur de l'appareil : 12ᵐ,50.
Hauteur totale : 3ᵐ,50.
Type du moteur Gnôme 7 cylindres rotatifs.
Puissance du moteur : 50 HP.
Diamètre de l'hélice : 2ᵐ,50.
Pas de l'hélice : 1ᵐ,30.
Vitesse de l'hélice : 1.100 tours.
Vitesse d'avancement : 80 km. à l'heure.
Poids en ordre de marche : 330 kilos.
Poids porté par mètre carré : 9 kilos.

L'Aéroplane TELLIER

L'aéroplane Tellier, qui a permis à M. Émile Dubonnet d'établir des vols fort intéressants à Juvisy, de passer avec succès les épreuves du brevet de pilote d'effectuer un des premiers voyages aériens à travers la campagne de Juvisy à Bagatelle et de gagner le prix de *La Nature*, a été construit dans les ateliers de M. Tellier fils à Juvisy et a figuré honorablement au meeting de la Champagne.

Depuis M. Armand Deperdussin s'est rendu acquéreur des chantiers Tellier où il continue la construction des canots automobiles.

L'appareil Tellier que pilotait M. Dubonnet au moment de la semaine de Reims est du type monoplan et a des dimensions plus réduites que l'appareil primitif. C'est un monoplan qui comprend :

Les ailes ou surfaces portantes ;
Le corps fuselé ;
Le train amortisseur ;
L'empennage stabilisateur ;
Le dispositif de stabilité transversale ;
Le gouvernail d'altitude ;
Le poste du pilote ;
L'ensemble moto-propulseur ;
Le gouvernail de direction.

Les ailes ou surfaces portantes. — Les ailes sont constituées par deux plans à surface trapézoïdale dont les angles externes postérieurs sont arrondis. Elles forment un dièdre très ouvert et sont planes sans courbure spéciale.

Leur envergure est de 11^m,80 ;
Leur surface totale de 24 mètres carrés.

Elles sont constituées comme les ailes de tous les monoplans par des longerons, des nervures, et recouvertes de toile caoutchoutée.

Cependant leur étude a été très poussée en vue d'obtenir le rendement maximum de leur surface,

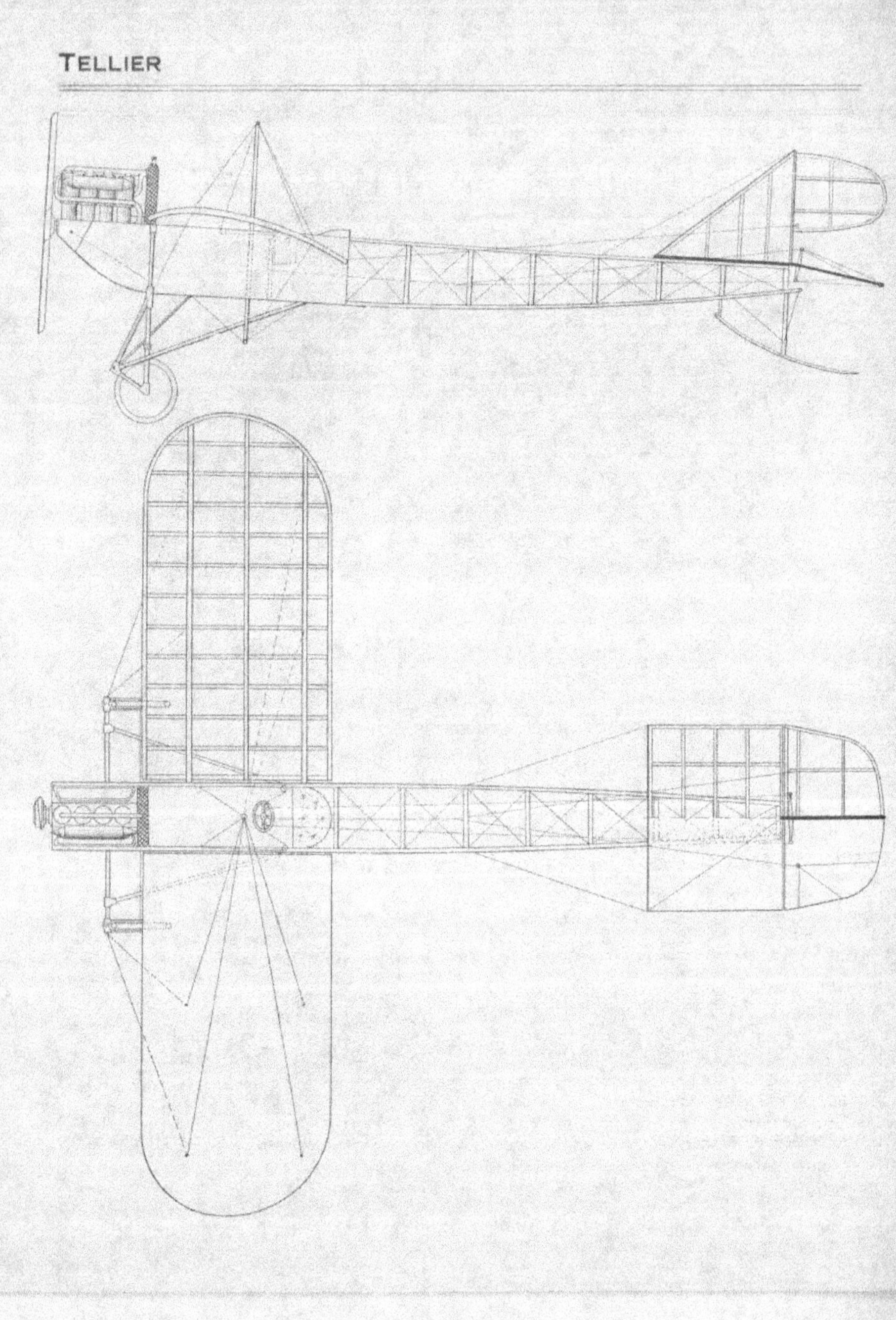

TELLIER

une résistance considérable sous un faible poids et aussi pour les soustraire aux influences déformantes dues aux efforts de traction et à l'état hygrométrique de l'air. Leur mode de fixation au fuselage par des genouillères articulées en rend le montage et le démontage particulièrement faciles.

Le haubannage est constitué par des cordes à piano pour la partie supérieure ; il est à remarquer que les haubans supérieurs n'ont à supporter que le poids des ailes.

Pour les haubans inférieurs, au contraire, soumis à des à-coups considérables, on a employé un toronnage d'acier fondu, avec liaison par estropes du genre marine. Le pylône de concentration des haubans est en frêne et fretté. Sa fixation sur le fuselage est assurée également par des haubans solidement établis.

Corps fuselé. — Le corps fuselé est constitué par une poutre armée triangulée de forme longitudinale parabolique et de section transversale carrée à un moment d'inertie maximum.

Les traverses et montants sont fixés aux longerons par des pièces en aluminium. Le croisillonnement général est fait en acier corde à piano, à tension réglable par tendeurs indesserrables.

La poutre est recouverte d'étoffe sur le tiers avant de sa longueur, c'est-à-dire sur une longueur correspondant à peu près à la longueur antéro-postérieure des ailes au centre de l'appareil. Le fuselage qui porte à l'avant le moteur et l'hélice, et à l'arrière le gouvernail avec le dispositif de stabilité longitudinale a une longueur totale de 11 mètres.

Train amortisseur. — Le train amortisseur se compose d'un châssis porteur à roues orientales, dont deux roues réunies par un essieu sont reliées au fuselage par une suspension élastique à l'aplomb du centre de gravité et une troisième roue est fixée sous le fuselage à environ deux mètres du bord intérieur des surfaces portantes.

L'amortissage se fait par l'élasticité des pneumatiques et les ressorts de la suspension. Des haubans fixés au fuselage par une poutre verticale assurent la rigidité des ailes et la résistance à la déformation au moment de l'atterrissage. Des patins ont été ajoutés aux roues avant sur le modèle le plus récent

de l'appareil, afin d'obvier au contact possible de l'hélice avec le sol.

Empennage stabilisateur. — L'empennage stabilisateur est composé d'un plan fixe horizontal fixé sur l'arrière du fuselage et permettant le redressement automatique de l'aéroplane. Ce plan a une surface totale d'environ 3 mètres carrés.

Il précède immédiatement le gouvernail d'altitude et est surmonté d'un plan de dérive triangulaire monté sur le même axe que le gouvernail de direction.

Dispositif de stabilité transversale. — La stabilité transversale est assurée, d'une part, par le gauchissement des ailes obtenu du poste du pilote, d'autre part, par le plan de dérive triangulaire fixé à l'arrière du fuselage et dont il a déjà été parlé.

Il est à remarquer d'autre part que les ailes sont articulées de façon à pouvoir en faire varier l'inclinaison et à augmenter le dièdre lorsqu'il y a lieu de lutter contre le vent.

Gouvernail d'altitude. — Le gouvernail d'altitude est monoplan et placé à l'extrême-arrière de l'appareil, c'est-à-dire juxtaposé à l'empennage fixe stabilisateur. Il affecte la forme d'un trapèze.

Poste du pilote. — Le poste du pilote est situé entre les ailes et au-dessus du centre de gravité de l'appareil.

Il comporte un siège mais peut en recevoir un second dans le cas de prise d'un passager. Les organes de commande sont tous réunis à un volant unique qui permet d'actionner simultanément le gouvernail de direction et le gauchissement lorsqu'on le manœuvre de droite à gauche, et de varier l'incidence du gouvernail d'altitude lorsqu'on le manœuvre d'avant en arrière. Le pilote a également à sa portée les manettes de commande du moteur. Cette disposition permet une grande facilité de conduite et une garantie de stabilité telle que la conduite de l'aéroplane Tellier peut être apprise dans un très court délai. C'est ainsi que M. Dubonnet obtint son brevet de pilote à sa quatrième sortie et après une demi-heure de vol.

Ensemble moto-propulseur. — Le monoplan Tellier est muni d'un moteur Panhard et Levassor de 35 chevaux à circulation d'eau et allumage par magnéto.

L'hélice est une hélice Tellier en noyer chevillé et collé à deux ailes qui tourne à 1.200 tours et qui a un diamètre de 1ᵐ,35 et un pas de 1ᵐ,15.

L'ensemble moto-propulseur est fixé à l'avant de l'appareil sur le fuselage.

La vitesse de marche de l'appareil ainsi équipé a pu atteindre 90 kilomètres.

Gouvernail de direction. — Le gouvernail de direction est monoplan et situé à l'arrière. Il tourne autour d'un axe fixé à l'extrémité du fuselage et assujetti par des haubans.

Résumé des caractéristiques.

(Appareil à deux places).

Surfaces portantes : 26 mètres carrés ;
Longueur de l'appareil : 11ᵐ,90 ;
Envergure : 11ᵐ,80 ;
Type du moteur : Panhard et Levassor ;
Puissance : 35 chevaux ;
Hélice : Tellier ;
Vitesse de l'hélice : 1.200 tours ;
Diamètre de l'hélice : 1ᵐ,35 ;
Pas : 1ᵐ,15 ;
Vitesse à l'heure en kilom. : 90 kilom. ;
Poids en ordre de marche : 475 kilogr. ;
Poids porté par mètre carré : 21 kilogr.

L'Aéroplane VINET

Après de longues et patientes recherches sur la courbure des ailes et la résistance des différentes parties de l'aéroplane et après avoir construit et expérimenté des appareils à centres confondus et des appareils à centres distincts pour comparer les stabilités propres de ces deux genres d'aéroplanes, la maison Vinet s'est arrêtée au type que nous allons décrire.

Le but qu'on s'est proposé a été avant tout d'assurer le maximum de stabilité, et cela en conservant le rendement le plus favorable et une excellente qualité de pénétration.

Le pilote et le passager sont placés sous les ailes. Cette disposition, par l'abaissement du centre de gravité qu'elle entraîne, donne à l'appareil un couple de redressement propre, tant longitudinal que transversal qui lui assure une stabilité parfaite même en atmosphère très troublée. C'est ce qui confirme les superbes vols faits par des vents de tempête.

Les passagers sont confortablement assis dans une petite carrosserie en forme de coque de bateau qui les protège du vent et des projections d'huile, tandis que les ailes, sous lesquelles ils sont placés, les abritent comme un toit, de la pluie ou des rayons du soleil.

On a réalisé, par cette disposition, un confort assez rare dans les appareils d'aviation. Ce dispositif permet, en outre, aux passagers de voir dans toutes les directions, aussi bien autour d'eux qu'au dessous d'eux.

On atténue ainsi les chances d'accidents assez fréquents si le champ visuel du pilote est borné à 5o mètres, ainsi que cela a souvent lieu, masquant les obstacles tant en vol qu'à l'atterrissage ou même sur le sol.

Cet inconvénient n'existe pas avec la disposition adoptée dans l'appareil Vinet (type A). Elle se prête au mieux, à l'observation minutieuse, en vol, du pays traversé ; qu'on fasse de l'aviation simplement au point de vue sportif ou pour observer et photographier le terrain, au point de vue scientifique et militaire.

L'aéroplane Vinet est du type monoplan ; ses principaux éléments sont :

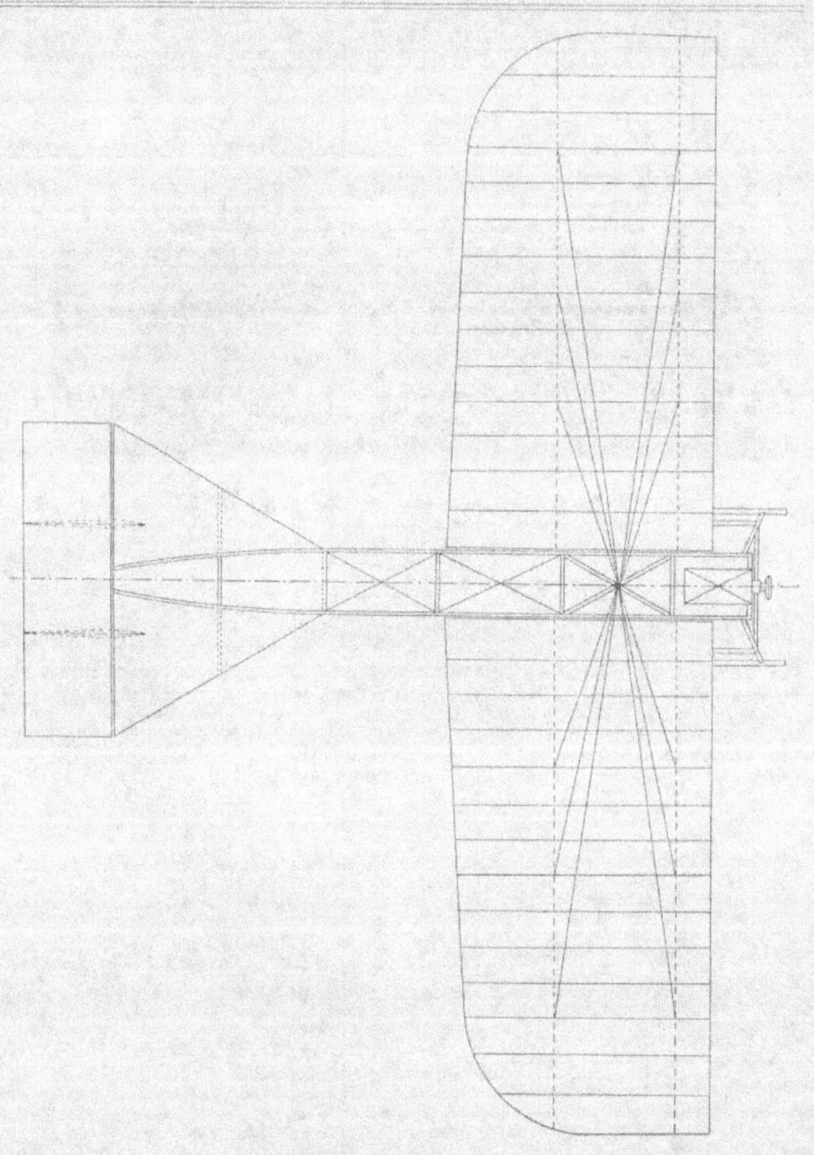

Les plans porteurs ou ailes.
Le fuselage.
Le train d'atterrissage.
L'empennage ou queue stabilisatrice.
Le gouvernail d'altitude.
Le dispositif assurant la stabilité transversale.
Le poste du pilote et du passager.
L'ensemble moto-propulseur.
Les organes de commande.

Plans porteurs ou ailes. — Les ailes sont constituées par une paire d'ossatures à plan trapézoïdal. Chacune est composée de 2 longerons principaux de bois de frêne, placés sur toute la longueur de l'aile, et de nervures perpendiculaires en bois de frêne également. La section de ces nervures est en forme de I, l'âme est allégée de trous. Ces ossatures des ailes sont armées intérieurement de cordes à piano pour éviter toute déformation pendant le vol et aux atterrissages. Elles sont complétement recouvertes sur leurs deux faces de forte toile caoutchoutée, très tendue, sur lesquelles l'air glisse avec une facilité parfaite.

L'envergure totale est de 10^{m}50 ; la profondeur des ailes est de 2^{m}50 au voisinage du fuselage où elle est maximum. Elle décroît en allant vers l'extrémité où l'aile se termine par un arrondi.

Fuselage. — Le corps fuselé ou fuselage est constitué par une poutre armée de sections quadrangulaires, décroissantes de l'avant à l'arrière. Vers l'arrière, la poutre se termine en forme de poupe. Montants et entretoises sont en frêne, assemblés à tenons et mortaises et croisillonnés par des fils d'acier à tension réglable.

Dans ce fuselage se trouvent, de l'avant vers l'arrière :

Le moteur avec l'hélice en prise directe.
Le poste à passagers.
Le poste du pilote avec les appareils de commande.
Les empennages et les gouvernails.

Train d'atterrissage. — Il se compose de patins fixes, qui supportent le choc de l'atterrissage en freinant l'appareil et de deux roues folles sur le même essieu pour le lancement. L'essieu est fixé en travers des patins au moyen de ferrures et de ressorts en caoutchouc, qui absorbent, avec les pneus, une grande partie du choc et permettent aux roues de s'effacer au moment de l'atterrissage.

Stabilité longitudinale. — Elle est assurée par un empennage horizontal réglable terminé par le gouvernail d'altitude.

a) **Empennage.** — L'empennage stabilisateur est constitué par deux surfaces horizontales triangulaires, fixées à la partie supérieure du fuselage, et de 2 mètres de surface environ. Ces surfaces situées loin du centre de gravité n'offrent qu'une faible résistance à l'avancement et concourent beaucoup au maintien de la stabilité.

b) **Gouvernail d'altitude.** — Au bout de l'empennage stabilisateur qui est fixe est attaché le gouvernail de profondeur ou d'altitude. Il se compose d'un aileron quadrangulaire fixé sur un bras horizontal commandé par le bras de levier ; ce dispositif est particulièrement intéressant car il permet la commande simultanée dans deux parties, même en cas de rupture d'un fil de commande de l'une d'elles.

Poste du pilote. — Il est placé, ainsi qu'il a été dit plus haut, au-dessous des ailes et dans une petite carrosserie. L'ensemble de l'appareil a été étudié pour, qu'en cas de chute, aucune partie lourde ne puisse tomber sur les passagers ; au contraire, la presque totalité de l'appareil : châssis d'atterrissage ailes, fuselage, hélice, moteur, est brisée avant que les passagers entrent en contact avec le sol. Enfin, on a ménagé, entre la carrosserie et les ailes, sur les deux côtés de l'appareil, un grand espace vide, libre de tendeurs et de fils de toutes sortes, par où les passagers peuvent facilement sortir en cas de chute dans l'eau, par exemple, et qui, en tout cas, facilite l'accessibilité de l'appareil.

Ensemble moto-propulseur. — L'appareil Vinet vole également bien avec des moteurs de types différents : Labor, Viale, Gyp.

Le moteur Labor qui a été le premier employé est un 40 HP de 90 millimètres d'alésage et 150 de course.

L'hélice est en prise directe ; elle est en bois à 2 pales, construite dans les ateliers de la Maison Vinet ; le calcul et le tracé de l'hélice sont établis rigoureusement pour chaque cas. Les bois sélectionnés sont collés en épaisseurs superposées, au moyen d'une colle résistant à l'eau. Les pales sont entoilées avec de la toile de lin extrêmement résistante ; enfin elles sont vernies et équilibrées une dernière fois avant d'être montées. La vitesse de rotation est de 1.300 tours, le diamètre 2^m5o.

Organes de commandes. — Les commandes de l'appareil ont été conçues de telle façon qu'elles sont instinctives et utilisent les réflexes du pilote : aucune erreur de manœuvre n'est possible.

Dans l'appareil de course à une place, la commande a lieu au moyen d'un levier placé entre les jambes du pilote et tenue par un volant. L'extrémité du levier est articulée dans un cardan ; si l'appareil se penche à droite, par suite d'un coup de vent ou après un virage, le pilote se porte instinctivement à gauche du côté de l'aile la plus haute, entraînant le levier qui gauchit l'aile droite et relève l'appareil. Pour faire monter l'appareil, on tire le levier en arrière ; pour le faire descendre, on le pousse en avant.

Dans l'appareil à 2 places, les commandes sont jumelées, par surcroît de sécurité ; de chaque côté du pilote sont 2 volants verticaux, mobiles sur un pivot fixé à l'extrémité d'un levier. En écartant ou en rapprochant les volants du siège du pilote dans une direction perpendiculaire à l'ensemble général de l'appareil, on produit le gauchissement. En faisant tourner les volants autour des pivots sur lesquels ils sont mobiles, on obtient la montée ou la descente de l'appareil, toujours de telle façon que ces mouvements sont instinctifs de la part du pilote.

La commande de direction se fait, dans les deux cas, par une barre axée en son milieu et actionnée par les pieds du côté vers lequel on veut tourner.

Tous les fils de commande sont en câble souple et sont doublés.

Résumé des caractéristiques :

Surface portante : 26 mq.
Envergure : 10^m,5o.
Longueur totale : 7^m,4o.
Puissance motrice : 4o HP.
Diamètre de l'hélice : 2^m,3o.
Vitesse : 1.5oo tours.
Poids total en ordre de marche : 38o kilogr.

L'Aéroplane VOISIN

Pendant l'année 1910, MM. Voisin ont étudié et réalisé différents types d'aéroplanes se distinguant de leur type primitif par d'importantes modifications de principe et de détail.

Le type Paris-Bordeaux que nous décrivons ci-dessous est entièrement métallique. La poutre et le châssis sont en tubes et en profilés d'acier ou nickel. Il se distingue également des précédents par la modification inspirée des monoplans et qui consiste à dégager complètement l'avant des organes d'équilibre longitudinal, pour les reporter à l'arrière du fuselage.

Ajoutons que les frères Voisin construisent également un monoplan à châssis et fuselage métalliques sur l'avenir duquel on fonde de grandes espérances, en raison de la grande pratique que possèdent les éminents constructeurs.

L'aéroplane Voisin type Paris-Bordeaux que pilo-tait Bielovucic lors de son voyage unique dans les annales de l'aviation, est un biplan qui comporte :

Les ailes ou plans porteurs, appelés aussi la cellule ;

Le fuselage ou corps fuselé ;

Le train ou châssis d'atterrissage ;

L'empennage stabilisateur ;

Le dispositif de stabilité transversale ;

Le gouvernail d'altitude ;

Le poste du pilote ;

L'ensemble moto-propulseur ;

Le gouvernail de direction.

Ailes ou cellule. — La cellule est formée de deux plans de 2^m,10 de largeur et de 11 mètres d'envergure, longerons et nervures recouverts de toile caoutchoutée. L'écartement vertical entre les deux plans est de 1^m,70. Ils sont réunis par 4 paires d'entretoises en tubes d'acier ovales. Un réseau de fils d'acier triangulés augmente la rapidité de l'ensemble.

Au centre et à l'arrière du plan inférieur, derrière le siège du pilote, se trouve le moteur.

La surface totale des plans porteurs est de 46 mètres carrés.

Fuselage ou corps fuselé. — Le fuselage ou corps fuselé est constitué par une poutre armée formée de 4 tubes elliptiques en acier de 4ᵐ.50 de longueur. Au fuselage sont assujettis le moteur, le radiateur, les réservoirs et les organes de direction.

Châssis d'atterrissage. — Le châssis de l'appareil est entièrement métallique, mais d'une disposition spéciale qui assure la liaison entre l'avant et l'arrière de l'appareil avec la plus grande rigidité. Les longerons d'arrêt et les montants de ce châssis sont entièrement formés de tubes d'acier assemblés et haubannés sur des collerettes, de façon à rendre toutes les pièces indéformables, en leur conservant leur maximum de solidité.

Il supporte au moyen de ressorts spéciaux deux roues orientables et à l'avant, au droit du plan inférieur, deux patins protégeant la cellule.

Empennage stabilisateur. — La stabilité longitudinale est assurée en même temps par le gouvernail d'altitude et l'empennage. Celui-ci n'est plus cellulaire comme dans l'ancien appareil Voisin. Il est composé d'un seul plan de 2ᵐ.80 de large sur 1ᵐ.75 de longueur antéro-postérieure. Le profil et la position de ce plan sont les mêmes que ceux de la cellule ; il travaille donc en même temps à l'équilibre et à la sustentation. Il est placé à 4ᵐ.50 des plans principaux.

Dispositif de stabilité transversale. — Les frères Voisin ont remplacé leurs plans verticaux de stabilisation anciens par de grands ailerons montés aux extrémités arrière du plan porteur supérieur.

Ces ailerons horizontaux, larges de 0ᵐ.80 et longs de 2ᵐ.80 sont supportés par les montants. En marche normale ils travaillent comme les plans principaux. Pendant une manœuvre d'équilibrage transversal, l'un s'abaisse pendant que l'autre s'élève, et il en résulte un couple de redressement sans action sensible sur l'orientation de l'ensemble, ce qui est un avantage sur le gauchissement. Il y a cependant lieu de tenir compte de l'action ralentissante de ces surfaces lors des virages, inconvénient inhérent à l'emploi des plans de dérive, quelle qu'en soit la disposition.

Ceci porte à croire que les deux méthodes ailerons et gauchissement auront longtemps encore leurs partisans, les ailerons prédominent chez les constructeurs d'appareils à centres distincts.

Gouvernail d'altitude ou équilibreur. — Dans le prolongement de l'empennage arrière et réuni à celui-ci par des charnières, est placé le gouvernail d'altitude. Ce gouvernail est constitué par un plan pivotant, de forme rectangulaire avec angles arrondis à l'arrière et mesurant 3 mètres d'envergure et 2 mètres carrés de surface.

La suppression de l'équilibreur avant et son remplacement par une surface mobile à l'extrémité arrière de l'empennage, éloigne du centre le gouvernail d'altitude et rend son action beaucoup plus puissante par suite de l'augmentation du bras de levier. D'autre part, la résistance offerte à la pénétration par l'équilibreur à l'avant disparaît avec la nouvelle disposition, en même temps que le champ visuel du pilote, dégagé de tout écran, lui permet de voir dans toutes les directions.

Poste du pilote. — Le poste du pilote, situé com-

plètement à l'avant de la cellule et devant le moteur, comporte un siège à un ou deux baquets et les organes de commande. Ainsi que dans l'ancien appareil Voisin, les commandes se font par un seul volant par le gouvernail d'altitude et le gouvernail de direction. Ce volant se déplace d'avant en arrière par l'altitude et autour de son axe par l'orientation.

Un pédalier d'aileron sert à faire fonctionner simultanément et en sens inverse les ailerons dont il est parlé plus haut et qui assurent la stabilité transversale.

Ensemble moto-propulseur. — Le biplan Voisin métallique a reçu plusieurs types de moteurs parmi lesquels nous citerons le moteur Gnôme, le moteur ENV, le moteur Itala ; la puissance moyenne varie de 5o à 6o chevaux à la vitesse de 1,100 tours.

L'hélice du type Voisin est en acier ou nickel forgé ; les pales sont en aluminium laminé, embouties et rivées ; le pas est variable, mais en régime il est d'environ 1^m,40 avec un diamètre de 2^m,60.

L'hélice est montée en prise directe sur le vilebrequin du moteur, elle tourne à environ 0^m,25 du bord postérieur des surfaces portantes et son axe est à 0^m,30 au-dessus du plan inférieur.

Gouvernail de direction. — Le gouvernail de direction est placé sous le gouvernail de profondeur, à l'arrière de l'appareil. Il se compose d'un plan vertical de 1^{m2},5 environ pivotant autour d'un axe fixé à l'arrière de la poutre. Cet axe est en même temps support de la petite roue qui sert à maintenir l'arrière de l'appareil au-dessus du sol.

Le biplan type Paris-Bordeaux a été spécialement étudié en vue d'applications militaires, aussi a-t-on minutieusement réglé les détails relatifs au démontage et au transport de ses différents organes.

Les plans porteurs, le fuselage et les stabilisateurs se démontent en parties dont l'encombrement ne dépasse pas 3^m $\times$ 1^m,75.

L'encombrement total de l'appareil une fois démonté et emballé est d'environ 14 mètres cubes.

Les plans occupent une caisse de 5 mètres avec les poutres de réunion, les montants, les tendeurs, l'empennage et les gouvernails.

Dans une seconde caisse prennent place le fuselage, le moteur monté, l'hélice et le châssis.

Le poids de l'appareil planeur est de 270 kilogr., soit avec le moteur 380 à 480 kilogr. suivant le type.

Le poids enlevé peut être de 250 kilogr. et la distance nécessaire pour l'envol peut être de 25 mètres.

En air calme la vitesse de translation atteint 85 kilomètres.

C'est avec le modèle décrit ci-dessus que Jean Bielovucie a fait le 3 septembre 1910, le premier parcours Paris-Bordeaux.

Résumé des caractéristiques :

Envergure des ailes : 11 mètres :
Longueur antéro-postérieure : 2^m,10 ;
Écartement vertical : 1^m,70 ;
Surface portante : 46 mq.
Longueur de l'appareil : 10^m,50 ;
Poids du planeur : 270 kilogr. ;
Type du moteur : Gnôme, E.N.V., Itala ;
Puissance du moteur : 55 HP ;
Diamètre de l'hélice : 2^m,60 ;
Pas de l'hélice : 1^m,40 ;
Vitesse de rotation : 1,100 tours ;
Vitesse de l'appareil : 85 kilom. ;
Poids total (non monté : 470 kilogr. ;
Poids enlevé : 250 kilogr. ;
Poids total enlevé par unité de surface : 15 kilogr.

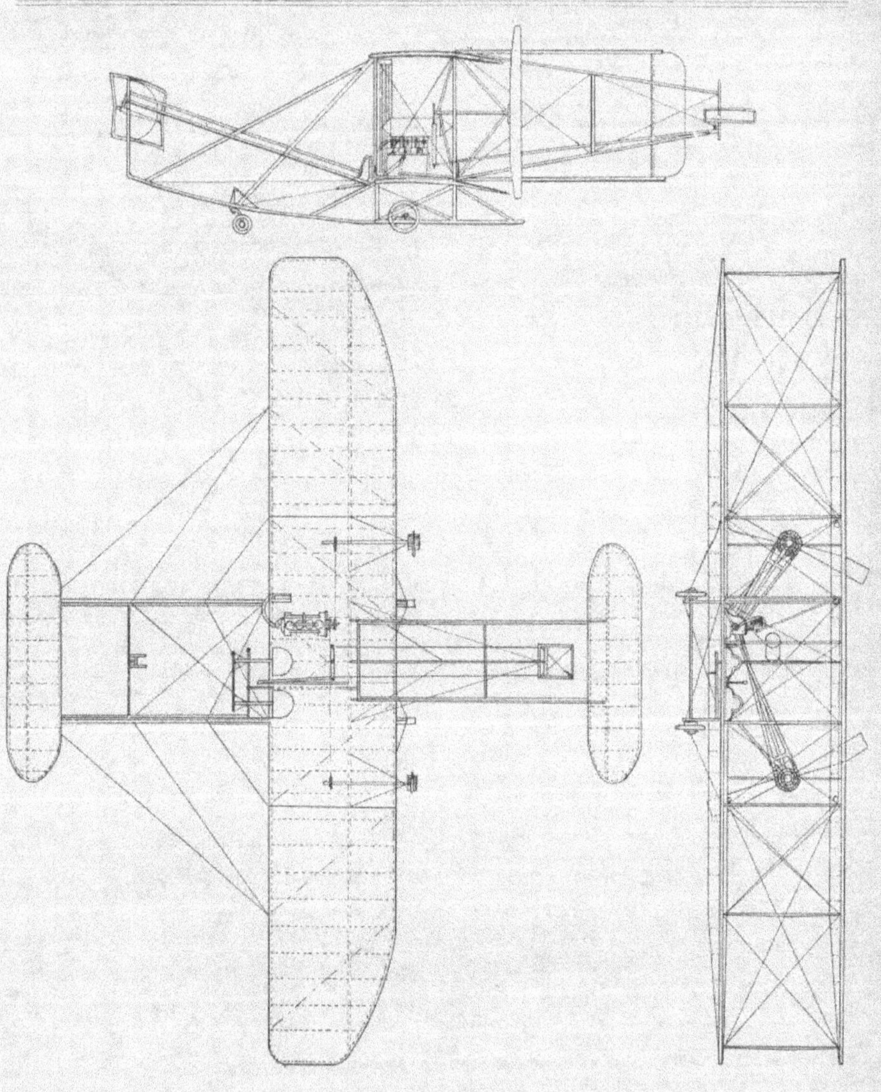

L'Aéroplane WRIGHT

Après de retentissants succès en 1908 et au début de 1909, les constructeurs de Dayton qui contribuèrent pour une large part à développer en France la foi et l'émulation auxquelles nous devons notre suprématie, se bornèrent à construire de nouveaux appareils en s'inspirant parfois des découvertes de leurs émules français.

« Les appareils Wright sont construits en France,
« sous le nom d'appareils Wright français, par la
« Compagnie Générale de Navigation Aérienne.
« Plusieurs Sociétés ont, en outre, obtenu la
« licence Wright et construisent en France des
« aéroplanes du même nom, mais plus ou moins
« modifiés, parmi lesquels nous citerons l'Astra-
« Wright, décrit d'autre part. »

D'ingénieux aviateurs, le capitaine Etévé, par exemple, ont muni le Wright de dispositifs fort intéressants. Nous dirons plus loin quelques mots du stabilisateur Etévé.

L'aéroplane Wright se classe parmi les plus célèbres et il est de toute justice de lui assigner le premier rang dans la série des oiseaux mécaniques, puisque les premiers vols de longue durée furent accomplis en France par Wilbur Wright au camp d'Auvours.

L'aéroplane Wright est du type biplan et comporte les organes suivants variables suivant les modèles :

Les ailes ou surfaces portantes ;
La charpente tenant lieu de fuselage ;
Le châssis d'atterrissage ;

Le stabilisateur ;
Le dispositif de stabilité transversale ;
Le gouvernail d'altitude ;
L'ensemble moto-propulseur ;
Le poste du pilote ;
Le gouvernail de direction.

Ailes ou surfaces portantes. — Les ailes ou surfaces portantes sont constituées par deux longerons en bois plat, léger, entretoisés à 1m,35 et réunis à leurs extrémités par une partie arrondie aux angles. A ces longerons sont fixées 31 nervures cintrées à 1/90 de flèche, qui constitueront la carcasse sur laquelle seront tendues les toiles. Ainsi les plans offriront une concavité interne. De plus, ces nervures, dont la position est assez rigide entre les longerons, dépassent postérieurement ceux-ci d'une certaine longueur, sur laquelle elles conservent toute leur élasticité. Leur largeur totale est donc de 2 mètres dont 1m,45 seulement formant cadre avec les longerons. A un mètre des extrémités des plans, les nervures vont en diminuant de longueur, par un arrondi se raccordant aux longerons.

Les toiles sont doubles et clouées à l'avant en dessus et en dessous ; à l'arrière, elles sont cousues pour permettre toutes les déformations de la partie laissée élastique.

Les deux surfaces sont réunies par des montants en bois, 9 entre les longerons avant et 9 entre les longerons arrière (16 ou 12 suivant les modèles), qui laissent entre elles un espace de 1m,70 de hauteur.

Les montants du centre seuls sont assemblés rigidement aux longerons. Les autres portent un anneau qui vient se fixer à une boucle fixée au longeron.

Un goupillage assure la solidité de l'assemblage.

Des haubans en fil d'acier complètent la charpente des ailes et compensent les effets de déformation, sans nuire à la flexibilité nécessaire au maintien de l'équilibre.

La surface portante totale est d'environ 48 mètres carrés.

Corps de l'appareil. — Le corps de l'appareil se compose d'une charpente légère dont la forme a varié depuis le début :

Dans l'appareil d'Auvours, les patins de lancement faisaient corps avec la charpente de maintien et une très légère poutre supportait à l'arrière le gouvernail de direction.

Dans le Wright français, il s'agit d'un véritable fuselage, l'avant comportant les patins, les arbalétriers de raccordement des patins au châssis et le support du gouvernail d'altitude, tandis qu'à l'arrière une poutre de réunion supporte le gouvernail de direction et un empennage mobile conjugué avec le gouvernail avant.

Dans le nouveau Wright américain enfin, les patins font partie du châssis à roues adopté par les constructeurs de Dayton, et l'avant étant complètement dégagé, une charpente de réunion porte à l'arrière le gouvernail de direction et le gouvernail d'altitude faisant ainsi office d'empennage à l'encontre du dispositif primitivement préconisé par les Wright.

Châssis d'atterrissage et de lancement. — Primitivement constitué par les seuls patins de lancement, le châssis d'atterrissage est maintenant placé sous les ailes et se compose dans le Wright français d'un cadre avec deux paires de roues jumelées, les côtés se prolongeant pour constituer les patins.

Dans le Wright américain, la suspension est pyramidale, les patins sont assujettis élastiquement aux deux moyeux des roues porteuses et trois montants partant, l'un de l'avant, le second du centre et le troisième de l'arrière de chaque patin, se réunissent à l'aplomb des deux montants principaux d'écartement des ailes, tandis qu'un quatrième assure le maintien de l'arrière.

Cet ensemble porte le poids du moteur et du pilote.

Stabilisateur. — Le gouvernail d'altitude assurait la stabilité longitudinale dans les premiers appareils Wright. Il a été conservé à la même place dans l'appareil français, où il est situé à 3 mètres en avant des plans principaux.

Il a été reporté à l'arrière dans le nouveau Wright américain, où il sert d'empennage.

Il est composé de deux surfaces de 3m50 × 0m,80, solidaires dans leurs mouvements.

L'appareil français comporte, en outre, un empennage arrière composé d'un seul plan situé immédiatement derrière le gouvernail de direction.

Dispositif de stabilité transversale. — Le gauchissement, dont il a été maintes fois parlé, est employé dans les appareils français et américains.

Dans ces derniers toutefois, on remarque à l'avant

et logés dans le cadre formé par les patins et les montants du châssis, deux petites surfaces de dérive triangulaires.

Nouveaux dispositifs de stabilisation. — Sur l'appareil piloté par le comte de Lambert, l'empennage arrière était transformé en stabilisateur à incidence variable et son action s'exerçait simultanément avec celle du gouvernail d'altitude placé à l'avant.

Sur l'appareil piloté par le capitaine Etévé, le stabilisateur automatique imaginé par l'ingénieux officier consistait essentiellement en deux surfaces d'empennage ajoutées à l'extrême arrière et dont les variations d'incidence étaient commandées par une girouette placée immédiatement derrière.

Lorsque l'aéroplane ne subissait aucun remous, la girouette était immobile dans le lit du vent ; dès qu'un courant pouvait faire piquer ou cabrer l'appareil, la girouette, se levant ou s'abaissant, agissait sur les surfaces correctrices et concourait instantanément au rétablissement de l'équilibre longitudinal.

Gouvernail d'altitude. — Nous avons vu qu'il était maintenu à l'avant en France, alors que les inventeurs l'avaient mis à l'arrière, dégageant l'avant.

A noter un dispositif du même genre dans un des derniers appareils Voisin, ce qui est une incursion dans le domaine du monoplan, toute idée de classification mise à part.

Ensemble moto-propulseur. — Le moteur Wright est un 4 cylindres verticaux pouvant donner 36 chevaux.

Le refroidissement a lieu par circulation d'eau.

Les hélices sont actionnées par une double transmission à chaînes droites et croisées.

Le moteur est assujetti sur le plan porteur inférieur, à l'aplomb du sommet du châssis, ainsi que le radiateur.

A l'extrémité arrière de l'arbre du moteur est un pignon denté double sur lequel engrènent deux chaînes Galle guidées par des tubes et dont l'une est croisée afin d'inverser sa translation ; ces deux chaînes entraînent d'autre part deux roues dentées tournant dans des paliers fixés sur des montants verticaux et dont l'arbre se prolonge jusqu'à la partie postérieure des surfaces principales où tournent les deux hélices en sens inverse.

Les hélices sont en bois, à pales rectilignes et arrondies aux extrémités ; leur diamètre est de 2m,60 et leur pas de 2 mètres environ ; elles tournent à une vitesse moyenne de 650 tours, grâce au dispositif démultiplicateur que constituent les pignons et les chaînes.

Poste du pilote. — Les leviers de commande du moteur sont à la droite du pilote dont le siège, très rudimentaire, est constitué par une petite banquette légèrement plus haute que le plan inférieur, les pieds s'appuyant sur une barre rattachée au châssis et au plan inférieur.

Les deux leviers de manœuvre sont absolument sous la main du pilote : à sa droite le levier qui commande à la fois le gouvernail de direction (d'avant en arrière) et le gauchissement (de gauche à droite).

Le levier de gauche augmente ou diminue l'incidence des plans qui constituent le gouvernail d'altitude, par un ensemble de câbles et de leviers. Le levier de droite agit, d'une part, sur le gouvernail de direction et, d'autre part, sur un arbre-tambour où s'enroule un câble relié par des poulies de renvoi aux quatre angles postérieurs des plans porteurs. Les renvois de mouvement sont combinés pour que l'on agisse simultanément et en sens inverse sur les bords postérieur droit et postérieur gauche et vice-versa, c'est-à-dire abaissement d'un côté et relèvement de l'autre pour une même rotation de l'arbre tambour, et cela grâce aux montants non rigides d'une part et à la partie de l'entoilage laissée souple à l'arrière des plans.

Le pilote peut donc combiner, en imprimant à son levier de droite un mouvement suivant une courbe dont les axes seraient les deux directions transversale et longitudinale, le déplacement du gouvernail de direction et le gauchissement opportun des plans principaux pour compenser le défaut d'équilibre, conséquence du virage. Cette manœuvre, très délicate en apparence, arrive à être instinctive avec l'habitude.

On voit que, si la manœuvre du gauchissement paraît un peu complexe, le poste du pilote de l'aéroplane Wright est parmi les plus simples.

Gouvernail de direction. — Le gouvernail de direction a été maintenu dans sa position première et dans sa forme par les frères Wright. Il est, dans l'appareil américain, composé de deux plans verticaux parallèles de 1ᵐ,80 de hauteur sur 0ᵐ,60 de largeur a son point d'action à 3 mètres des plans principaux auxquels il est relié par une légère charpente de bambou.

Les deux plans, écartés de 0ᵐ,50, peuvent pivoter d'une égale quantité, autour d'un axe, par l'intermédiaire d'un bras et des câbles de transmission reliés au levier de droite du pilote.

Dans le Wright français, le gouvernail de direction vertical est placé immédiatement devant l'empennage et à 3 mètres environ des plans principaux.

Résumé des caractéristiques :

Envergure : 12 mètres.

Longueur antéro-postérieure des ailes : 1ᵐ,90.

Surface portante : 48 mq environ.

Longueur de l'appareil : Français : 9ᵐ50 ; Américain : 10 mètres.

Type du moteur : 4 cyl. verticaux.

Puissance : 35 chevaux.

Diamètre des hélices : 2ᵐ,60.

Pas : 2 mètres.

Vitesse : 650 tours.

Vitesse en kilom. à l'heure : 68 kilom.

Poids total en ordre de marche : Français : 500 kilom. ; Américains : 450 kilom.

LES HÉLICES AÉRIENNES

I. — Théorie.

De très nombreuses théories de l'hélice aérienne ont été présentées, et il n'entre pas dans le cadre de cet ouvrage d'en donner l'analyse. Nous nous contenterons de renvoyer le lecteur aux ouvrages mêmes qui lui permettront de choisir, parmi toutes les idées émises, celles qui lui paraîtront les plus rationnelles.

Nous croyons cependant que l'ouvrage de M. Drzewiecki, contenant *in-extenso* la communication faite au Congrès international de 1909, fait autorité en la matière.

Son étude du travail de l'aile, la détermination de l'aile normale qui suit, et la méthode du calcul du rendement, permettent de tracer très exactement et très commodément l'aile d'une hélice devant assurer une propulsion fixée.

II. — Essais.

En ce qui concerne les mesures de rendement théorique et de rendement de construction, de remarquables travaux furent effectués par le colonel Renard, la Brigata Spécialisti de Rome, l'Institut de Koutchino et le Laboratoire des Arts et Métiers.

Tous ces essais furent effectués au point fixe, au moyen d'un moteur dynamométrique à vitesses variables, permettant de mesurer simultanément : l'effort de traction, la puissance dépensée et la vitesse angulaire.

MM. Legrand et Gaudart, aviateurs, ont opéré sur des hélices en fonctionnement à bord d'un aéroplane Voisin : les mesures portaient sur la poussée mesurée dynamométriquement au moyen d'une tôle mince placée à l'arrière du fuselage : les chiffres suivants ont été recueillis :

Poids enlevé : 580 kilogrammes.

Diamètre de l'hélice : 2^{m}60.

Pas : 1^{m}15.

Vitesse angulaire : 1,000 tours.

Traction mesurée : 165 kilogrammes au point fixe.

Poussée pendant le vol : 110 kilogrammes.

Vitesse : 1,010 tours.

Recul correspondant : 24 o/o.

D'où l'on conclut à une réduction de la poussée de 33 o/o pour des vitesses angulaires sensiblement les mêmes.

Avec une hélice de 2^{m}80 de diamètre, le résultat fut légèrement moins favorable.

Les essais de MM. Legrand et Gaudart sont incontestablement les plus intéressants que nous ayons vus jusqu'à ce jour.

Il est certain qu'ils seront repris par leurs promoteurs et dans des conditions plus avantageuses. C'est indispensable pour les progrès de la propulsion aérienne au point de vue de la construction.

III. — Construction.

Les hélices aériennes, d'abord constituées par l'assemblage de pales en métal, en toile tendue ou en bois, sur moyeux et bras appropriés, sont maintenant presque généralement en bois.

Il ne faut pas songer à les prendre dans la masse du bois, car la courbure obligerait à sectionner les fibres et il en résulterait une désagrégation de la matière.

Le bois des hélices doit travailler de telle façon que la force centrifuge ait comme direction celle des fibres mêmes.

Il faut donc assembler par collage les lamelles de bois disposées en éventail, qui devront prendre la forme et la courbure de l'hélice.

Ensuite s'opère le dégrossissage qui consiste à abattre les angles vifs des lamelles.

Le finissage est l'opération par laquelle l'hélice doit prendre le profil donné par un gabarit qui, lui-même, reproduit le tracé géométrique du pas de l'hélice.

Une fois cette opération terminée, la pièce est consolidée par un chevillage traversant toute son épaisseur.

Il reste à l'équilibrer, opération très minutieuse et de laquelle dépendent directement la force propulsive et surtout le rendement de l'hélice, et enfin à en parfaire l'aspect extérieur par le mastiquage, le ponçage et le vernissage au pinceau.

Des essais d'hélices en tôles profilées, embouties et assemblées sur les bords, ont été tentés par plusieurs constructeurs, notamment MM. Moulin, de Liège ; il est possible que des procédés de ce genre soient usités avant peu, car l'hélice en bois coûte assez cher, la main-d'œuvre étant compliquée.

En Allemagne, notamment sur les dirigeables, on a employé des hélices à bords rigides avec panneaux en toile durcie, d'autres dont la voilure se tendait par l'action de la force centrifuge.

Les hélices en bois, noyer ou acajou, ont jusqu'à présent été employées en plus grand nombre.

Nous donnerons une rapide description des plus connues, le nombre des dispositifs étant considérable.

IV. — Hélices en bois.

HÉLICE NORMALE.

Construite sur les données et calculs de M. Drzewiecki, l'hélice normale a connu de beaux succès sur les aéroplanes, ainsi que sur les dirigeables.

Les bois qui la constituent sont soumis à une préparation chimique et collés ensuite avec des colles spéciales après saturation des surfaces avec un produit spécial. L'entoilage lui assure ensuite une rigidité absolue. On la vernit enfin aux laques japonaises, ce qui lui donne un beau poli et la garantit contre l'humidité.

L'équilibrage est vérifié 3 fois en cours de fabrication à 2 grammes près. Les vibrations sont évitées par la disposition de la plus grande épaisseur de l'aile à environ 1/4 de la largeur de l'attaque.

La solidité est obtenue par la disposition des sections de bois rigoureusement d'après le fil.

L'angle d'attaque est constant tandis que le pas augmente du moyen vers la périphérie où il atteint son maximum.

La vitesse de rotation peut atteindre 3.000 tours.

La face dorsale de l'hélice a été utilisée pour contribuer au rendement par sa disposition.

Les hélices « Normales » sont construites par MM. Ratmanoff et Cie.

HÉLICE LEVASSEUR.

Cette hélice possède quelques particularités qui méritent d'être signalées :

1° L'attaque a lieu par le côté concave et obliquement, de façon telle que la résistance à la pénétration soit réduite à son minimum.

2° Les filets d'air se concentrent au centre de chaque pale qui travaille d'une façon régulière du centre de la périphérie.

3° L'extrémité de chaque pale par sa forme effilée facilite la rotation de l'hélice tout en diminuant très sensiblement la résistance à la pénétration. La largeur des pales est croissante du centre à la périphérie.

Le soin apporté dans la construction de cette hélice en garantit l'extrême solidité, tout en permettant d'éviter les vibrations et déformations incompatibles avec une propulsion régulière.

Cette hélice essayée en juillet 1910 aux Arts et Métiers, avec un diamètre de 1m80, a donné à 915 tours, 80 kilogrammes de traction en absorbant seulement 20 chevaux.

HÉLICE LIORÉ.

Dans cette hélice, créée en vue d'une modification opportune des conditions du travail, le constructeur a réalisé un dispositif de réglage et de graduation du pas.

Les pales sont mobiles et fortement emboîtées

dans des manchons coniques où le serrage à bloc est assuré, tout en permettant le déplacement des bras lorsqu'on désire modifier légèrement le pas.

La caractéristique de forme est dans la courbe à grand rayon qui relie l'extrême bord de la pale (distum) au bord d'attaque. Le distum affecte la forme d'un demi-cercle et se raccorde par une courbe de rayon très petit au bord de sortie.

HÉLICE CHAUVIÈRE.

Employée jusqu'à présent sur la plupart des appareils classés, l'hélice Chauvière dite « Intégrale » possède un bord d'attaque et un bord de sortie sensiblement rectilignes, jusqu'au voisinage du centre moyen de poussée où l'arête d'entrée est

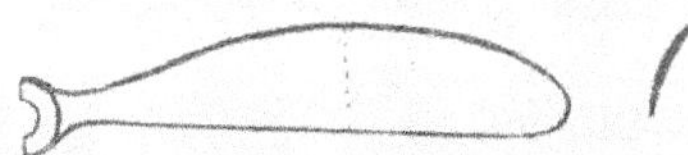

très arrondie, puis va en fuyant jusqu'à l'extrême bord (distum), reliée par une courbe de très petit rayon à l'arête de sortie. Ainsi la ligne des centres de poussée de chaque section sur la face d'attaque (intrados) est rectiligne et se confond avec la fibre neutre, ce qui diminue les chances de déformation.

Le moyeu est très épais et le montage facile.

M. Chauvière a étudié également une hélice à pas variable par torsion des pales évidées jusqu'au module.

HÉLICE PASSERAT ET RADIGUET.

Sa forme se rapproche sensiblement de celle de l'Intégrale ; cependant les constructeurs ont cru devoir incurver davantage le bord d'attaque, en lui laissant plus d'épaisseur.

Il semble que ce que l'on peut gagner en inertie soit absorbé par la résistance plus grande à la rotation ; néanmoins, cette hélice a donné d'excellents résultats.

HÉLICE KAPFÉRER.

Elle est à contours symétriques, elliptiques, avec bord d'entrée rectiligne, sans autre particularité.

Son rendement est parmi les plus favorables et sa solidité en fait un propulseur très bien accueilli chez les principaux constructeurs.

HÉLICE FOUGEROS.

Appelée par son constructeur hélice « Perfect », elle a son bord d'entrée rectiligne jusqu'au distum puis s'incurve en forme de cuiller, par une courbe parabolique très proéminente.

Ce dispositif a permis d'obtenir des poussées considérables au point fixe.

HÉLICE PELLIAT.

Cette hélice, dénommée hélice « rationnelle », est d'un fini remarquable et sa forme a été étudiée en vue d'une utilisation aussi intégrale que possible des masses d'air traversées.

HÉLICE GEORGES ET GENDRE.

Cette hélice type « Perfecta » se range dans la catégorie « normale » et « intégrale ». Elle a été étudiée en vue d'obtenir un rendement maximum. Essayée par MM. Legrand et Gaudart sur un biplan Voisin, elle a permis d'obtenir une traction de 165 kilogrammes à la vitesse de 1.000 tours avec un diamètre de 2m60 et un pas de 1m55.

HÉLICE WRIGHT.

Dans cette hélice, la section des pales est légèrement incurvée, et, à l'encontre de ce qui a lieu chez les constructeurs français, la courbure est plus prononcée au distum qu'au proximum.

Il en résulte un pas assez réduit, mais une grande

uniformité de mouvement, ce qui permet, avec un moteur de force moyenne et une vitesse assez réduite, d'obtenir un bon rendement, sans dépasser un diamètre normal.

V. — Hélices à montures métalliques.

Ces hélices, les plus employées à l'origine, sont maintenant en assez petit nombre, surtout en France.

Nous citerons pour mémoire :

Les hélices à pennes de l'*Avion* d'Ader;

Les hélices zooptères Amans ;

La première hélice zooptère du Blériot n° 8;

L'hélice centripète Filippi, qui ne sont plus que des souvenirs.

Parmi les hélices plus modernes, mais peu à peu remplacées par des hélices en bois, citons :

HÉLICE R. E. P.

Employée par M. Esnault-Pelterie sur ses premiers monoplans, cette hélice comporte 4 pales en aluminium laminé, fixées sur des bras en tube d'acier.

HÉLICE VOISIN.

De construction assez primitive, cette hélice permit aux frères Voisin de réussir les premiers beaux vols sur leurs appareils.

Les pales sont en aluminium fondu et possèdent

un logement qui reçoit les bras tubulaires. Une pièce semi-circulaire est rivée autour du bras et maintient le tout.

L'absence totale d'intrados profilé et la saillie produite par l'assemblage donnent à cette hélice un rendement peu favorable, mais il convenait de la citer, car elle fut associée aux premiers triomphes des aviateurs français.

HÉLICE ANTOINETTE.

Ici on a cherché à donner de la courbure aux pales, en montant le bras à l'intérieur des pales d'aluminium sensiblement hélicoïdes.

En donnant à cette hélice une forme de double raquette, on a cherché à obtenir, non pas un cône déplacé, mais un cylindre, ce qui aurait pour avan-

tage d'éviter l'arrivée de l'air sur le fuselage, le centre de l'hélice ne produisant pas de remous.

Ce n'est d'ailleurs là qu'une idée théorique, la réalité étant toute différente.

HÉLICE NULLI SECUNDUS.

Employée par S. F. Cody sur son biplan, cette hélice avait des pales en profil, rappelant le zooptère, et était en acier laminé.

Elle absorbait une force énorme et son constructeur dut la remplacer par les hélices en bois.

HÉLICES MAXIM, ROË, WILLOROS.

Ces hélices sont surtout intéressantes par leur forme assez spéciale, mais nous n'avons pas eu jusqu'ici de preuves bien tangibles de leur supériorité.

HÉLICES TURBINES.

Nous citerons les essais de l'abbé Le Dantec (1) et le turbo-propulseur de M. Canda, dont la roue à aubes triplement incurvées permet une utilisation originale des gaz d'échappement et a, paraît-il, donné une traction de 220 kilogrammes avec un moteur de 50 HP.

---

1. *Théorie de l'Hélice Turbine* (Librairie Aéronautique).

LES MOTEURS D'AVIATION

Nous donnons ici, pour compléter notre article, une notice sommaire sur les principaux moteurs d'aviation.

Moteurs Anzani.

Le moteur Anzani du type Calais-Douvres comprend trois cylindres 105 × 130, venus de fonderie avec leurs ailettes. Les cylindres sont en fonte; les pistons ont deux segments; les bielles sont estampées et chevauchent sur un maneton boulonné entre deux volants d'acier de 12 kilogrammes chacun.

Le carter en aluminium se déboîte dans le plan des bielles et maintient les cylindres par des prisonniers.

Les soupapes jouent en arrière de la culasse. Celles d'admission sont automatiques. Celles d'échappement sont commandées séparément par une came indépendante et d'une seule pièce avec le pignon, ce qui diminue le frottement et facilite le réglage.

L'allumage est fait par accus. Un triple bobinage transforme un courant de 5 volts en trois courants basse tension qui sont rompus par un distributeur spécial. L'extra-courant de rupture est alors envoyé aux bougies.

Le carburateur est un Grouvelle. L'alimentation se répartit également par nourrice à trois branches. Le cylindre du milieu qui a une meilleure aspiration enrichit ses gaz par une ouverture percée dans la tuyauterie.

Le poids du moteur est de 65 kilogrammes, y compris les volants qui y entrent pour 24 kilogrammes. Avec la tuyauterie, le carburateur, la bobine et les accus, le poids total est 73 kilos.

La puissance effective est de 25 chevaux à 1.400 tours. La consommation d'essence est de 12 litres à l'heure, et celle d'huile 2 kilogrammes.

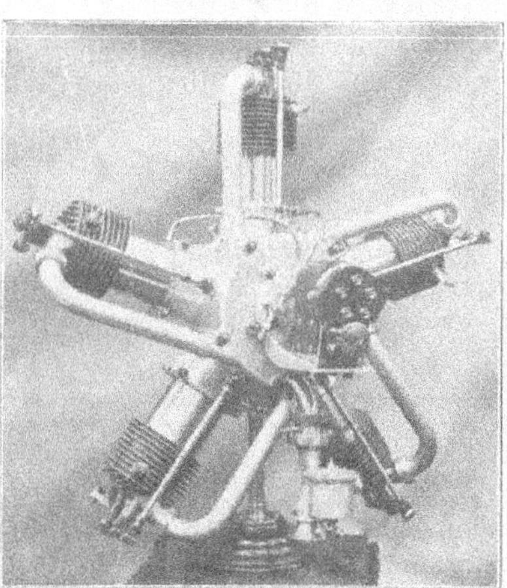

Moteur Anzani 5 cylindres 45 HP.

M. Anzani construit également des moteurs 4 cylindres, des 5 cylindres en étoile, des moteurs en V à deux cylindres, etc. Tous ces types sont applicables à l'aviation, leur puissance massique étant de 1,3 à 0,4 HP par kilogramme.

Le constructeur a apporté à ces types de nombreuses améliorations; c'est ainsi qu'il a supprimé non seulement la chapelle, mais aussi le patin dans les cylindres, gagnant 1.200 gr. par cylindre.

La tubulure d'admission a, elle aussi, été perfectionnée d'une façon considérable; une chambre annulaire a été ménagée sur une des faces du carter; des tubes en aluminium très courts en sortent *tangentiellement* et la font communiquer avec chacun des cylindres; un petit raccord la relie à un carburateur. En vertu de la propriété des ajustages tan-

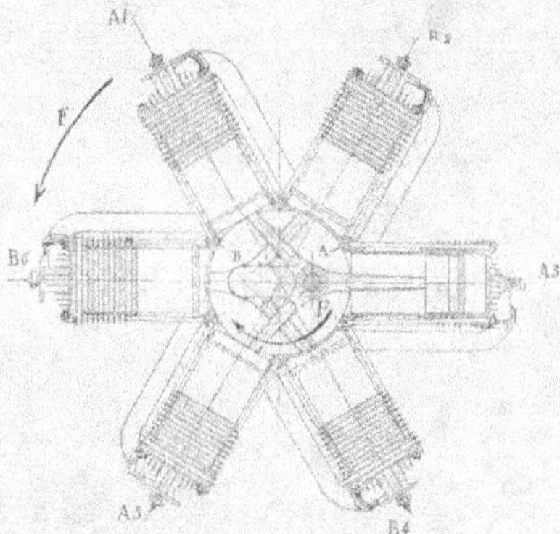

Moteur Anzani 6 cylindres.

gentiels (Jet Riley) les gaz tournent toujours dans le même sens dans cette chambre ou nourrice et la carburation est, par suite, strictement égale et homogène pour chacun des cylindres. Le fait que d'autre part cette nourrice est venue de fonte avec le carter, assure le réchauffage des gaz et le refroidissement du carter (et de l'huile qu'il contient) par échange réciproque de calories et de frigories.

L'accessibilité de la magnéto, la légèreté de la tubulure (2 kg. de gagnés), la rusticité de celle-ci devenue partie intégrante du carter, une prodigieuse économie d'essence, sont les avantages accessoires de ce système.

Le moteur cinq cylindres offre, entre autres particularités, celle d'un seul maneton fixé entre les deux plateaux qui servent de volants dans tous les moteurs Anzani. Les cinq bielles attaquent toutes l'unique maneton par des portées de largeur crois-

sante, de façon à maintenir l'axe des bielles dans le plan perpendiculaire au maneton en son milieu.

Type 6 cylindres en étoile (1910). — Le moteur 6 cylindres en étoile Anzani est formé de deux moteurs à 3 cylindres à 120° placés l'un derrière l'autre et attelés chacun sur l'un des deux coudes d'un même arbre vilebrequin.

L'équilibrage est ainsi absolument complet quant aux forces d'inertie alternatives, dans chaque groupe de 3 cylindres. Pour ce qui est du décalage des deux groupes et des conséquences qu'il comporte, celles-ci sont à peu près négligeables en raison de l'emboîtement des cylindres entre eux.

Les tubulures d'alimentation sortent tangentiellement d'une nourrice annulaire, venue de fonte avec le carter et dans laquelle débite le carburateur.

Ce dernier modèle, le plus intéressant de tous, a bénéficié d'une expérience déjà longue et est indiqué comme donnant 60 chevaux pour un poids total de 83 kilogrammes.

Moteurs Clément-Bayard

La maison Clément-Bayard a établi deux modèles de moteurs destinés à l'aviation.

Le plus léger est un type horizontal à deux

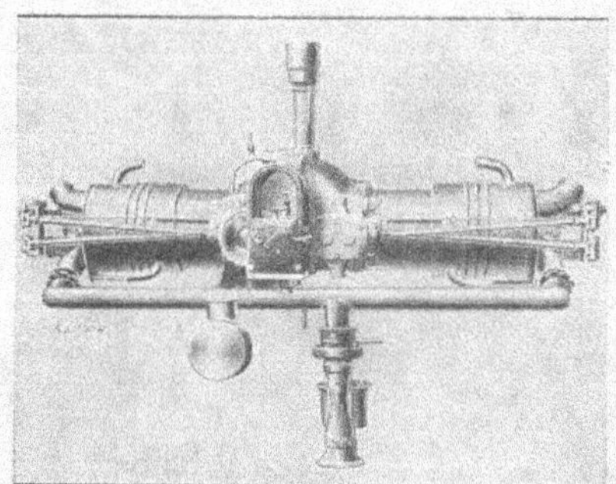

Moteur horizontal Clément-Bayard.

cylindres, qui a été monté sur les Demoiselles de Santos-Dumont. Il a 130 $^m/_m$ d'alésage et 120 $^m/_m$ de course.

Les cylindres sont en acier forgé, travaillé au

tour à l'intérieur et à l'extérieur. Les chemises d'eau sont des feuilles de cuivre, munies de plis, pour absorber les dilatations, et soudées sur les cylindres.

Les pistons sont en acier et très légers. Les soupapes, rappelées par des ressorts ordinaires, disposées sur le fond des cylindres, sont placées côte à côte sur des sièges rapportés et commandées par des culbuteurs. Un court tuyau éloigne de la soupape d'aspiration les gaz de l'échappement à leur sortie dans l'air.

Deux arbres à cames distincts commandent, l'un, l'aspiration, l'autre, l'échappement. En bout, l'un d'eux actionne la distribution de courant, et l'autre entraîne la pompe à engrenages qui assure la circulation d'eau et débite dans un radiateur à tubes plats.

Le carburateur est au-dessous des cylindres, à l'abri du vent. Un réservoir d'huile est fixé au-dessous du moteur et alimente une pompe à piston qui graisse les deux paliers de l'arbre moteur. De là, l'huile tombe dans les cuvettes du carter où plongent les têtes de bielle. Le moteur fait environ 30 chevaux et pèse, nu, environ 55 kilos.

Le deuxième moteur d'aviation Clément-Bayard, à 4 cylindres, fait 43 chevaux environ à 1.500 tours et pèse 120 kilos. Il est du type automobile et n'offre guère que des modifications de détail par rapport aux modèles courants.

Les 4 cylindres sont fondus d'un bloc sans chemises d'eau, pour faciliter la fonte et augmenter la qualité du métal. Les soupapes sont toutes du même côté, celles d'aspiration sont contiguës, ce qui simplifie les tuyauteries d'alimentation. Les culasses sont hémisphériques et portent dans des bouchons *ad hoc* les bougies et les robinets de décompression, les premières au-dessus des soupapes d'aspiration, les seconds au-dessus des soupapes d'échappement.

Une chemise d'eau en cuivre, emboutie d'une seule pièce, entoure les cylindres. Elle est ridée par la dilatation et soudée sur les parois de fonte par les méthodes ordinaires.

Les pistons, en acier embouti, sont très légers et ajourés, ainsi que les bielles. Le vilebrequin est porté par trois paliers.

Le graissage est assuré par une pompe qui règle le débit; les têtes de bielle barbotent dans le bain d'huile au fond du carter. Le carburateur offre quelques particularités, notamment le gicleur au centre de la cuve du niveau constant.

L'allumage est à haute tension, la magnéto du

type courant; les cylindres ont 100 d'alésage et 120 de course.

Moteurs Esnault-Pelterie.

Le moteur R. E. P. est l'un des plus anciens types de moteurs rayonnants. Dès son apparition, qui date de 1907, il a réuni un grand nombre de dispositifs dont la plupart ont été généralisés depuis : nombre impair de cylindres rayonnants, ailettes, soupapes concentriques, etc. Il a été établi un grand nombre de modèles à 5 et à 7 cylindres.

Le moteur à 7 cylindres est divisé en deux groupes de 4 et 3 cylindres disposés l'un devant l'autre.

Les cylindres sont à refroidissement par ailettes; ils mesurent dans le type 7 cylindres 85 millimètres d'alésage et la course des pistons est de 90 millimètres; chacun d'eux donne au frein 5 chevaux à 1.500 tours ; ils sont faits en fonte et fixés au carter par des boulons. Le carter est en aluminium,

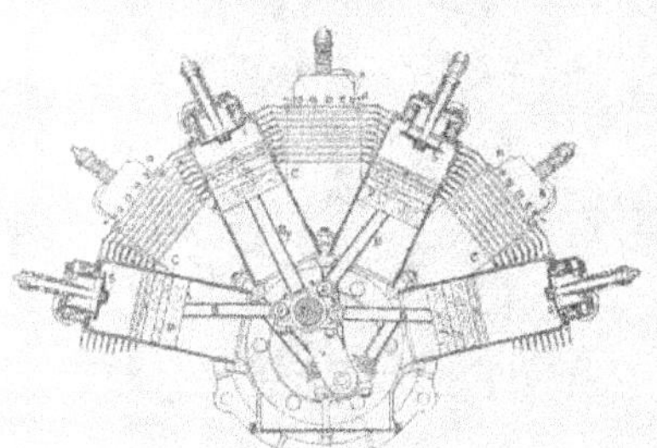

Moteur Esnault-Pelterie 7 cylindres.

d'une seule pièce, et pèse 3k,5; il est pourvu à sa partie inférieure d'un regard donnant accès au vilebrequin. Les pistons sont pris dans une barre d'acier et débités au tour; le pied de bielle est à double portée en bronze. Chaque piston est pourvu de deux segments et pèse 600 grammes.

Les bielles sont au nombre de deux seulement, une par groupe de cylindres.

La came de commande des soupapes est placée sur le côté opposé à l'hélice, ainsi que le distributeur du courant d'allumage, constitué par une couronne en ébonite portant sept plots, devant lesquels passe la touche métallique. L'allumage se fait par une bobine à haute tension, dont le trembleur vibre sans interruption; une batterie d'accumulateurs fournit le courant primaire. Les bornes se suivent, suivant le numérotage adopté pour les cylindres.

Le moteur est pourvu de deux carburateurs Claudel affectés, non à un groupe de cylindres, à

Moteur Gnôme 7 cylindres.

cause de la longueur de tuyauterie qu'un semblable dispositif eût exigée, mais aux cylindres de chaque groupe appartenant au même côté du moteur. Deux cylindres avant et deux cylindres arrière aspirent donc par le même carburateur et les trois autres par le deuxième.

L'allumage peut être assuré par une bobine en fonctionnement constant et par un distributeur en ébonite tournant deux fois moins vite que le moteur et portant une touche envoyant le courant à haute tension à tous les cylindres successivement dans l'ordre voulu. L'allumage serait également réali-

sable par une magnéto tournant à une vitesse égale aux 7/4 de celle du moteur.

M. Esnault-Pelterie a établi récemment un nouveau moteur, très analogue aux modèles antérieurs, mais qui en diffère pourtant en ce qu'il possède deux soupapes distinctes, unies par le même culbuteur et une pompe à huile.

Ce moteur, qui pèse 75 kilogrammes environ, a subi des essais de dix heures à la puissance moyenne de 52 chevaux. Il semble posséder une supériorité notable sur les modèles antérieurs, et avoir bénéficié d'une mise au point complète.

Moteurs Gnôme.

Le moteur d'aviation Gnôme appartient au type général des moteurs rotatifs, c'est-à-dire que les cylindres y sont mobiles et l'arbre coudé est fixe. C'est donc sur le bloc formé par les cylindres et le carter, lequel tourne avec eux, que l'on recueille la puissance disponible.

L'ensemble des cylindres et du carter, d'une part, l'ensemble des bielles et des pistons, d'autre part, tournent simultanément, chacun d'eux autour d'un centre particulier; les cylindres, autour de l'axe fixe du moteur, les bielles, autour du coude formé par cet axe. Tout résulte de ce décentrage. Les cylindres, pendant leur rotation, restent à une distance fixe de leur centre, mais ils se rapprochent et s'éloignent alternativement du maneton, tandis que les pistons sont à une distance invariable de ce dernier. Il en résulte que les cylindres glissent nécessairement autour des pistons, comme une bague le long d'un doigt.

Le moteur Gnôme est en acier-nickel et ne contient pas d'aluminium. Le refroidissement y est assuré par la seule rotation des cylindres dans l'air et facilité par des ailettes, dont la disposition a varié plusieurs fois, mais dont on a peu à peu déterminé exactement les dimensions optima. Il n'y a pas de volant, ou plutôt, le moteur tout entier forme volant. Aucune pièce ne possédant de mouvement rectiligne alternatif, les forces d'inertie, sans avoir complètement disparu, y sont absolument négligeables. L'arbre creux et fixe supporte, par trois roulements de différente grosseur et des butées, l'ensemble des 7 cylindres.

Le carter est une boîte cylindrique fermée sur ses deux bases par deux flasques, dites de butée et de distribution, et percée sur sa surface latérale de

7 pénétrations circulaires, où s'engagent à frottement dur les corps des cylindres.

Une rainure tracée sur leur pourtour reçoit un segment d'acier et l'ensemble est maintenu par une clavette. La force centrifuge tend à appliquer le segment sur le carter et assure l'assemblage.

Les cylindres en acier nickel, travaillés entièrement au tour dans des lingots massifs, sont percés, au sommet, d'orifices pour les bougies et les soupapes d'échappement.

Les pistons sont du type courant; cependant ils n'ont pas de segments. l'étanchéité de la chambre d'explosion est assurée par un obturateur en laiton qui fonctionne comme un cuir embouti et qui est maintenu dans sa rainure par un segment de fonte.

Six bielles sont articulées sur une septième, dite bielle maîtresse, qui est portée elle-même par deux roulements à billes fixés sur le maneton.

Un certain jeu est nécessaire entre les bielles, car les angles qu'elles forment entre elles subissent de légères variations, au cours de chaque révolution.

Les pieds de bielle, attelés aux pistons, sont fixés par l'intermédiaire des boîtes des soupapes d'aspiration, qui sont en forme d'écrou.

Les soupapes d'aspiration, automatiques, sont préservées, par des contrepoids, des effets de la force centrifuge, qui tendrait à les soulever constamment sur leur siège. Elles sont logées à l'intérieur du piston et graissées par l'excès d'huile des pieds de bielle. L'aspiration se fait donc au sein du carter, lequel forme gazomètre ou régulateur de gaz et dans lequel l'air carburé arrive directement par l'intérieur de l'arbre creux du moteur. Depuis 1909, les moteurs Gnôme sont alimentés par l'injection directe de l'essence dans le carter. Il convient de signaler à ce propos que la difficulté de l'alimentation centrale, heureusement résolue ici, réside dans l'échauffement des gaz frais dans leur va-et-vient sous le piston, au contact des parois chaudes, avant leur admission dans la chambre d'explosion. La dilatation des gaz qui est ainsi réalisée tend à diminuer le poids de la cylindrée, c'est-à-dire la puissance du moteur. Il faut donc éloigner les gaz des parois, par exemple, en revêtant l'intérieur du piston d'une chemise métallique d'isolement.

Les soupapes d'échappement, actionnées par double culbuteur, sont équilibrées comme les autres contre la force centrifuge. Toutefois, en cas de rupture du ressort de rappel, la force centrifuge assurerait encore le fonctionnement de la soupape.

La distribution est portée sur la flasque avant. Sept cames, avec leurs colliers, commandent à la traction les soupapes d'échappement.

Un distributeur à 7 plots, alimenté par une magnéto, fournit le courant par 7 fils aux bougies.

La pompe à huile fonctionne comme un tiroir à vapeur à deux cylindres. Elle débite donc également, quelle que soit la contre-pression dans la tuyanterie et la viscosité de l'huile. Le graissage est assuré par deux canaux qui pénètrent à l'intérieur de l'arbre

Le moteur Gnôme 100 HP.

creux. Ils aboutissent aux divers paliers à billes qui supportent le carter et aux paliers de la bielle maîtresse. De là, l'huile, sous l'action de la force centrifuge, chemine d'un côté à travers les bielles et de l'autre suivant des rainures pratiquées sur les flasques. Elle parvient ainsi, par une double issue, jusqu'aux pistons qu'elle lubrifie intérieurement et extérieurement. En aucun cas, l'huile ne parvient dans la capacité libre du carter, qui est réservée aux gaz frais.

Le moteur Gnôme, dont on connaît les succès sportifs, donne 45,50 HP à 1,200 tours et pèse moins de 80 kilos. C'est aujourd'hui le plus léger des moteurs d'aviation.

Les constructeurs du moteur Gnôme ont établi récemment un type, dit 100 chevaux, formé de deux

5o HP accouplés sur le même arbre et un modèle 5o HP à soupape d'aspiration commandée avec une tuyauterie alimentant séparément chaque cylindre et tournant avec lui.

Les moteurs construits en 1911 comprennent deux séries : une formée de moteurs à 7 cylindres, faisant respectivement 5o, 70 et 100 chevaux ; l'autre, de moteurs à 14 cylindres, donnant 100, 140 et 200 chevaux.

Moteurs Grégoire-Gyp.

Ces moteurs sont à 4 cylindres verticaux, du type courant et établis en 4 modèles, 25/3o, 40/45, 60/70 et 120/140 chevaux.

Moteur Grégoire-Gyp.

Ils sont classés en deux séries, la série normale et la série inversée, dans laquelle les cylindres sont au-dessous de l'arbre moteur.

Les cylindres sont groupés par paires ; ils sont en acier moulé. Les pistons sont en fonte, l'arbre en chrome-nickel, porté par 3 paliers à billes.

Le carter est en aluminium, muni d'un avant-bec pour porter l'hélice.

Une pompe montée au bord du vilebrequin fait circuler l'eau de refroidissement dans les chemises d'eau en cuivre rapporté par électrolyse.

Le type 90/100 chevaux a 13o/15o millimètres.

Le tyqe 40/45 chevaux a 92/140 millimètres.

Le régime normal de ces moteurs est de 1.3oo-1.4oo tours.

Moteurs Renault.

Les usines Renault ont établi une série de moteurs légers, dont deux 4 cylindres verticaux, l'un refroidi par l'air, l'autre par l'eau, et une série de moteurs en V, un 4, et surtout un 8 cylindres beaucoup plus connu que nous décrirons.

Le moteur Renault est un des premiers modèles de moteurs légers qui aient fourni des résultats pratique satisfaisants. Il offre des analogies très grandes avec l'Antoinette, à qui il est postérieur : toutefois, il s'en distingue par le refroidissement, qui est assuré par un ventilateur puissant, forçant l'air à circuler entre les cylindres, et par sa démultiplication spéciale. La puissance est recueillie sur l'arbre des cames, lequel tourne à demi-vitesse du moteur, soit à 9oo tours en moyenne.

Le moteur est à huit cylindres en V de 9o millimètres d'alésage et de 120 millimètres de course. Il développe 6o ch, à 1.8oo tours pour un poids de 170 kg. sans réservoir d'essence. Dans ce poids sont compris le réservoir d'huile, le ventilateur et sa commande, dont le poids total est de $12^{kg},6$ et qui absorbe 4 chevaux environ, soit près de 8 o/o environ de la puissance disponible.

Comme dans les moteurs analogues, on a supprimé le volant. Les pistons, bien que sensiblement allégés, sont du même modèle que ceux des moteurs de voitures, c'est-à-dire qu'ils portent à leur base une gorge circulaire percée de trous qui empêche l'huile du carter de pénétrer dans les chambres d'explosion.

Les soupapes sont commandées par un arbre unique à cames prises dans la masse. Celles d'échappement, disposées au-dessous des soupapes d'admission, sont commandées par un renvoi. Les bougies sont placées entre les deux soupapes. Les différentes parties du moteur sont graissées automatiquement par projection et canalisation d'huile aux divers points de frottement.

L'allumage a lieu par une magnéto à distributeur séparé.

Le refroidissement se fait par une circulation d'air assurée par deux ventilateurs très légers qui font

Moteur Renault 8 cylindres.

aspiration dans une chambre constituée par un carter en tôle recouvrant le moteur. L'air extérieur, obligé de pénétrer dans cette chambre, passe à travers les ailettes des cylindres et, les entourant complètement, les refroidit sur toute leur surface.

Le moteur Renault a une consommation très réduite, surtout en huile.

Moteurs Viale.

Le moteur Viale est du genre étoilé à trois ou cinq cylindres à ailettes. Le premier type (105-130) donne normalement 32 chevaux et pèse 75 kilos ; le 5 cylindres (105-125) est indiqué comme donnant 55/60 chevaux au même régime ; il pèse 85 kilos seulement. C'est donc dans ce dernier modèle que les principes constructifs du moteur Viale ont affirmé le mieux leur efficacité.

L'originalité propre de ce moteur réside dans la présence de deux soupapes d'échappement et dans une très large soupape d'admission. Dans le 3 cylindres, les soupapes d'échappement avaient 30 et 35 millimètres de diamètre et celle d'admission 55 millimètres. Dans le 5 cylindres récent, les diamètres respectifs sont 45 millimètres pour les deux clapets d'échappement et 75 millimètres pour celui d'admission. On sait le rôle important du diamètre des soupapes dans la marche régulière des moteurs à explosion, à régime rapide. L'évacuation complète des gaz brûlés, le refroidissement des clapets, l'alimentation des chambres d'explosion présentent des difficultés pratiques qui limitent la vitesse de rotation des moteurs et réduisent en général la puissance massique.

Dans le moteur Viale 60 chevaux, la distribution est obtenue par une came unique, tournant au 1/6 de la vitesse du moteur ; cette came actionne par poussoir les deux soupapes d'échappement et par tige et culbuteur la soupape d'admission placée au sommet des cylindres. L'alimentation est assurée par une nourrice centrale, qui est d'une pièce avec le cou-

Moteur Viale 3 cylindres.

vercle du carter et d'où partent cinq tubes aboutissant aux pipes d'aluminium qui recouvrent les soupapes d'admission.

Le carter est un aluminium, d'une seule pièce. Les cylindres sont tournés dans un bloc de métal et portent les ailettes de hauteur croissante de la base au sommet. Les pistons sont à trois segments ; les bielles tubulaires actionnent directement le palier du vilebrequin par une large portée garnie d'anti-friction.

Le moteur Viale tourne à un régime relativement élevé, 1.600 tours. Cependant, la vitesse linéaire des pistons n'atteint pas 7 mètres et la disposition en étoile, en rendant l'équilibrage plus rigoureux, atténue presque complètement les dangers d'usure ou de rupture qui sont la rançon ordinaire des grandes vitesses.

Moteur R. E. P., Type 5 cylindres 1911.

	DISTANCE AUX AILES	ÉCART	PUISSANCE INDIQUÉE	PUISSANCE au vol palier	VITESSE DE VOL EN PLEIN (par seconde)	HÉLICES						
						NOMBRE	NOMBRE DE PALES	DIAMÈTRES	PAS	COMMANDE	VITESSE	POSITION SUR L'ARBRE
	18		33	21	35	36	37	38	39	40	41	52
	mètres		chevaux	chevaux	mètres			mètres	mètres		tours	
	5		50	35	23	1	2	2.20	1.50	Prise directe	1200	AV
	7		55	40	19,50	1	2	2.50	2,90	Prise directe	1400	AR des plans
	5		50	35	23	1	2	2.08	1.45	Prise directe	1400	AV
	8		50	40	18	1	2.30	variable	variable	Démultipliée	—	AV
	3		65	55	18	1	2	2.60	1.15	Prise directe	1200	AR des plans
	3,50		50	35	20	1	2	2	1.50	Prise directe	1400	AR des plans
	6		50	40	24	1	6/2	2.50	1.80	Prise directe	1400	AV
	6		60	45	20	1	2	2.60	1.80	Prise directe	1200	AV
36°	5		50	45	21	1	2	2.20	1.20	Prise directe	1600	AV
	6		50	40	19	1	2	2.60	1.80	Prise directe	1400	AV
	4		50	40	19	1	2	2.60	2.40	Prise directe	1200	AR des plans
	2		40	50	22	1	2	2.75	1.60	Démultipliée	900	AR des plans
AR	5		50	35	23	1	2	2.70	1.25	Prise directe	1200	AV
	6		35	20	16,50	1	2	2.50	1.80	Prise directe	1200	AV
	6		50	40	19.30	1	2	2.40	1.20	Prise directe	1600	AV
	3		60	50	22	1	2	2	1.80	Prise directe	1400	AR des plans
	5		70	60	19,50	1	2	2.50	1.70	Prise directe	1400	AV
	5		30/40	30	22	2	2	2.50	2,20	Embrayage	600	AV
	6		50	40	32	1	2	2.50	1.92	Prise directe	1200	AV
	5		50	35	21	1	2	1.40	1.45	Prise directe	1800	AV
	3		50	40	22	1	2	2.50	1.80	Prise directe	1200	AR des plans
36°	6		50	40	24	1	2	3	1.80	Démultipliée	800	AR des plans
	4		35	20	22	1	2	1.50	1.05	Prise directe	1450	AV
	5		50	40	21	1 ou 2	2	2.60	1.60	Prise directe	1200	AV
	2,50		50	40	22	1	2	2.50	1.50	Prise directe	1100	AR des plans
	6		35	30	24	1	2	1.85	1.45	Prise directe	1200	AV
	5		40	35	21	1	2	2.30	1.60	Prise directe	1500	AV des plans
	4,50		50	40	25	1	2	2.50	1.40	Prise directe	1100	AR des plans
	3		55	30	19	2	2	2.60	2	Démultipliée	650	AR des plans

Librairie Aéronautique, éditeur, 40, rue de Seine, Paris.

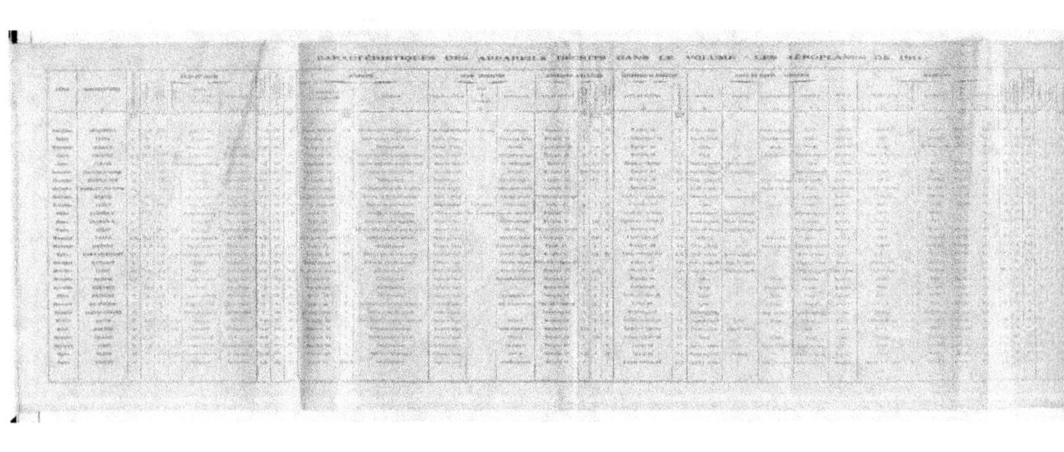

CARACTÉRISTIQUES DES APPAREILS DÉCRITS DANS LE VOLUME « LES AÉROPLANES DE 1911 »

| N° CYLINDRES | | MOTEURS | | | | | | | | HÉLICES | | | |
29	DISPOSITION 30	ALÉSAGE ET COURSE 31	REFROIDISSEMENT 32	PUISSANCE NORMALE 33	PUISSANCE MAXIMA 34	VITESSE (tours en pleine puissance) 35	NOMBRE 36	NOMBRE DE PALES 37	DIAMÈTRE 38	PAS 39	COMMANDE 40	VITESSE 41	POSITION sur l'appareil 42
		(millim.)		(chevaux)	(chevaux)	(tr/min)			(mètres)	(mètres)		(tours)	
8	En V	140-106	Eau	50	35	23	1	2	2.26	1.30	Prise directe	1200	AV
4	Verticaux	110-130	Eau	55	40	19.50	1	2	2.50	2.00	Prise directe	1400	AR des plans
7	En étoile rotatif	110-122	Air	50	35	23	1	2	2.98	1.45	Prise directe	1400	AV
7-8	—	—	Air	50	40	18	1	2/3	variable	variable	Démultipliée	—	AV
8	En V	118-121	Eau	65	55	18	1	2	2.60	1.45	Prise directe	1200	AR des plans
4	En V	110-121	Eau	50	35	20	1	2	2	1.40	Prise directe	1500	AR des plans
4	Verticaux	110-120	Eau	50	50	24	1	6/2	2.10	1.70	Prise directe	1500	AV
5	En étoile	85-90	Air	60	55	30	1	2	2.60	1.80	Prise directe	1200	AV
4	Verticaux	110-120	Eau	50	45	21	1	2	2.25	1.20	Prise directe	1300	AV
7	Rotatif	130-120	Air	50	40	19	1	2	2.60	1.80	Prise directe	1200	AV
7	Rotatif	[illegible]	Air	50	40	19	1	2	2.60	2.50	Prise directe	1200	AR des plans
8	En V	90-120	Air	60	50	22	1	2	2.75	1.60	Démultipliée	990	AR des plans
7	Rotatif	120-120	Air	60	35	23	1	2	2.70	1.25	Prise directe	1200	AV
4	Verticaux	85-120	Air	25	26	16.30	1	2	2.50	1.80	Prise directe	1200	AV
4	Verticaux	110-120	Eau	55	40	19.50	1	2	2.36	1.20	Prise directe	1600	AV
8	En V	135-130	Eau	68	50	32	1	2	2	1.80	Prise directe	1400	AR des plans
4	Verticaux	140-150	Eau	70	40	19.30	1	2	2.50	1.70	Prise directe	1600	AV
4	Verticaux	92-140	Eau	50-70	50	22	2	2	2.50	2.20	Embrayage	600	AV
7	Rotatif	110-120	Air	50	50	22	1	2	2.50	1.92	Prise directe	1200	AV
5	En étoile	105-150	Air	25	35	24	1	2	1.10	1.15	Prise directe	1800	AV
7	Rotatif	110-120	Air	50	40	22	1	2	2.50	1.80	Prise directe	1200	AR des plans
8	En V	115-100	Eau	80	80	24	1	2	2	1.60	Démultipliée	896	AR des plans
2	Horizontaux	120-130	Eau	35	28	22	1	2	1.50	1.05	Prise directe	1450	AV
7	Rotatif	110-120	Air	50	40	21	1 ou 2	2	2.60	1.60	Prise directe	1200	AV
7	Rotatif	110-120	Air	50	50	22	1	2	2.20	1.80	Prise directe	1100	AR des plans
4	Verticaux	100-120	Eau	25	30	20	1	2	1.30	1.12	Prise directe	1200	AV
4	Verticaux	90-160	Eau	30	25	25	1	2	2.20	1.60	Prise directe	1300	AV des plans
7	Rotatif	110-120	Air	50	40	21	1	2	2.60	1.50	Prise directe	1200	AR des plans
4	Verticaux	100-102	Eau	30	40	40	2	2	2.60	2	Démultipliée	500	AR des plans

Librairie Aéronautique, éditeur, 45, rue de Seine, Paris.

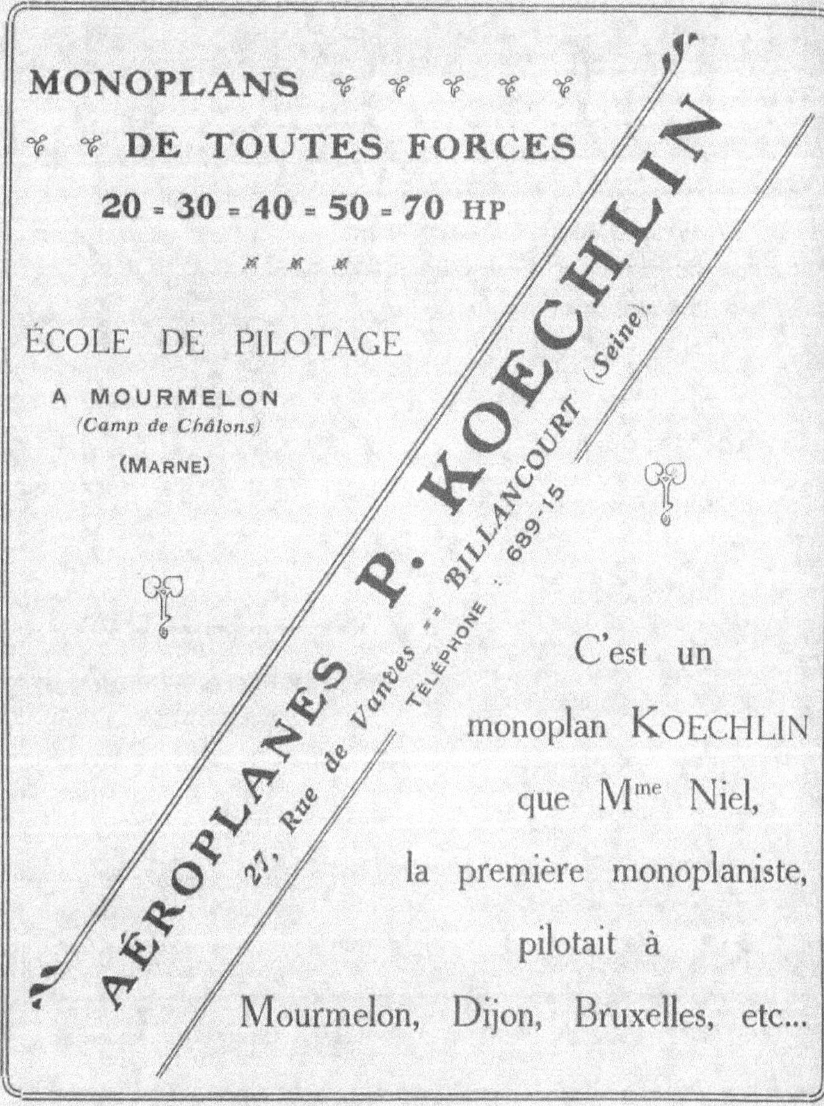

MONOPLANS
DE TOUTES FORCES
20 = 30 = 40 = 50 = 70 HP

ÉCOLE DE PILOTAGE
A MOURMELON
(Camp de Châlons)
(MARNE)

AÉROPLANES P. KOECHLIN
27, Rue de Vanves == BILLANCOURT (Seine).
TÉLÉPHONE : 689-15

C'est un
monoplan KOECHLIN
que Mme Niel,
la première monoplaniste,
pilotait à
Mourmelon, Dijon, Bruxelles, etc...